Ismael Ferrer Pérez

Patrimonio alimentario de Cantabria

41 variedades tradicionales
de hortícolas y de legumbres

TÍTULO: Patrimonio alimentario de Cantabria. 41 variedades tradicionales de hortícolas y de legumbres
AUTOR: Ismael Ferrer Pérez

PRÓLOGO: José Esquinas Alcázar
COORDINACIÓN EDITORIAL: Ramón Villegas López
EDICIÓN: Librucos/Ramón Villegas López

© De los textos y las fotografías: Ismael Ferrer Pérez
© De la edición: Librucos/Ramón Villegas López

DISEÑO Y MAQUETACIÓN: Génesis Composición (Santander)
DISEÑO PORTADA: Quálea Editorial (Torrelavega)
TRATAMIENTO DE TEXTOS: Quálea Editorial (Torrelavega)
IMPRESIÓN: Artes Gráficas Quinzaños (Torrelavega)

DISTRIBUCIÓN: Ramón Villegas López (Torrelavega)
          Teléf: 942 086 406
          E-mail: rvillegaslibros@gmail.com

EN INTERNET: www.librucos.com (web de la editorial)
          www.temasdecantabria.com (librería on line)

1ª edición, junio de 2025

ISBN: 978-84-129265-6-9
DL: SA-300-2025

Fotografía de la portada: Francisca Ortega Téllez, en su huerto de Cabezón de la Sal. © Javier Rosendo.
Fotografía de la contraportada: Santiago Torralbo Torralbo, de Isla. © Ismael Ferrer.
Fotografía solapa: Detalle. En la Feria de la Alubia y la Hortaliza de Casar de Periedo (2016).
          © Enrique Gutiérrez Aragón.

ÍNDICE

Prólogo. Por José Esquinas Alcázar 13

Agradecimientos 17

Identidad alimentaria 18

SINGULARIDADES DE LA HUERTA CÁNTABRA

Cebolla
Ficha 1. Cebollito de Barcenillas 25
Ficha 2. Cebolla de Bedoya 29
Ficha 3. Cebolla ajera de Campo de Ebro 35
Ficha 4. Cebolla roja de año de Carandía 39

Puerro
Ficha 5. Puerro de Casar de Periedo 49

Chirivía
Ficha 6. Chirivía de Duña 57

Coliflor
Ficha 7. Berza amarilla de Bielva 65
Ficha 8. Berza amarilla de Hortigal 71

Nabo
Ficha 9. Respigo de Colindres 79
Ficha 10. Nabo de patas de Naroba 87

Garbanzo
Ficha 11. Garbanzo de Valmeo 93

Alubia

Ficha 12. Alubia de cocido de Bádames 107

Ficha 13. Alubia arrocina de Bielva 121

Ficha 14. Alubia del ojo de la Virgen de Casar de Periedo 127

Ficha 15. Alubia roja de Casar de Periedo 131

Ficha 16. Alubia de canela de casar de Periedo 137

Ficha 17. Frejol de Caviedes 143

Ficha 18. Alubia blanca de riñón de Comillas 147

Ficha 19. Judía de vaina de Dobres 153

Ficha 20. Carico de Gama 159

Ficha 21. Carico de canela de Isla 169

Ficha 22. Alubia amarilla de La Revilla 175

Ficha 23. Judía de la manteca de La Revilla 179

Ficha 24. Alubia pinta de Matamorosa 183

Ficha 25. Alubia roja de Mazcuerras 189

Ficha 26. Carico del Valle de Miera 195

Ficha 27. Alubia azul de Molleda 201

Ficha 28. Frijol o morito de Pesués 207

Ficha 29. Judía de vaina de Riocorvo 211

Haba

Ficha 30. Haba de Lamadrid 221

Guisante

Ficha 31. Arveja de Bustamante 229

Ficha 32. Guisante de Rudagüera 239

Tomate

Ficha 33. Tomata de Abanillas 249

Ficha 34. Tomata de Noja 253

Ficha 35. Tomate de Pesués 257

Pimiento

Ficha 36. Pimiento choricero de Ampuero 263

Ficha 37. Pimiento de Isla 269

Ficha 38. Pimiento de freír de Rudagüera 277

OTROS ALIMENTOS SINGULARES

Maíz

Ficha 39. Maíz de Arenal de Penagos 283

Ficha 40. Maíz de Casar de Periedo 289

Ficha 41. Maíz de Peñacastillo 297

Conclusiones 307

Fuentes consultadas 309

Patrimonio alimentario de Cantabria

41 variedades tradicionales de hortícolas y de legumbres

PRÓLOGO

CONOZCO a Ismael Ferrer Pérez desde hace años y admiro profundamente su excelente labor y dedicación para promover la conservación y recuperación del patrimonio agroalimentario. Por ello, he aceptado encantado, y agradezco la invitación del autor a prologar este libro.

Ismael, hijo y nieto de agricultores, ha dedicado gran parte de su vida al estudio de las variedades locales, y los conocimientos tradicionales, culturales y culinarios asociados a las mismas.

Muchos de sus trabajos y numerosas publicaciones se han centrado en Aragón, donde desde el 2006 ha prospectado unas 500 muestras de semillas tradicionales en más de un centenar de pueblos. En los últimos cinco años, su actividad la ha desarrollado en Cantabria.

Entre sus numerosas iniciativas destaca su blog «alimentación del presente[1]», que contiene cerca de 500 entradas entre artículos y recetas en base a la biodiversidad hortícola y de legumbres aragonesas y de Cantabria. Todo el material es producto de su trabajo de prospección y recopilación de datos en huertas de todo el territorio. Constituye un valor y una riqueza inéditos y singulares, que, como dice su creador, «es fruto de la convivencia y sabiduría de las generaciones pasadas con la tierra, las plantas y los animales. Es una muestra del papel que juega el patrimonio alimentario local en cada territorio».

Deseo comenzar destacando la importancia para el presente y para el futuro de las semillas y variedades tradicionales a nivel local, nacional e internacional.

Las variedades tradicionales de nuestros agricultores, también llamadas «recursos fitogenéticos», son recursos naturales limitados y perecederos, adaptados a las condiciones locales, y que proporcionan la materia prima o los genes que, debidamente utilizados o combinados por los propios agricultores o por científicos, originan las nuevas variedades de plantas cultivadas.

Estos genes se encuentran dispersos en cultivares locales que han sido seleccionados a lo largo de miles de años por los agricultores y la naturaleza por sus características de resistencia a las enfermedades y a las condiciones adversas; y por su productividad u otros rasgos deseables. Sin el uso de estos re-

---

Blog: www.alimentaciondelpresente.com

13

cursos en los centros de investigación agrícola aplicada, la mejora de variedades no sería posible.

En los últimos años, la aparición de nuevas tecnologías, la sustitución de estas variedades tradicionales por vanidades comerciales importadas, el cambio de uso de las tierras, los cambios en las técnicas de cultivo, el éxodo rural, etc. están provocando una rápida y profunda pérdida de las variedades locales, que puede llevar a la extinción de un material de valor incalculable y que apenas ha sido explotado. Esta erosión genética afecta tanto a las especies cultivadas como a muchas especies silvestres de potencial interés agrícola.

El incremento en la producción de los cultivos y la calidad de los alimentos pasa por la protección y la eficaz utilización de estas semillas, y ello exige su recolección, conservación, evaluación, documentación y continuo uso.

Su importancia es global porque va más allá de nuestras fronteras. He aquí algunos ejemplos: la resistencia al hongo de la patata, que provocó la hambruna irlandesa en el siglo XIX, se encontró en las variedades tradicionales que aún cultivaban algunos pequeños campesinos andinos. La resistencia al tizón del maíz, que asoló la mayoría de los maizales en el sur de Estados Unidos en los años 70 del siglo pasado, se encontró en el campo de un humilde campesino africano. En una variedad local de trigo, de otro pequeño agricultor de Turquía, fue encontrada una resistencia a más de 20 tipos de roya. Todas estas resistencias han sido hoy incorporadas a casi todas las variedades cultivadas del mundo. Es por ello por lo que en el Tratado Internacional de Recursos Fitogenéticos y en la Declaración Universal de los Derechos de los Campesinos, acuerdos ambos negociados y aprobados en Naciones Unidas en el 2001 y 2018, respectivamente, se reconoce a los agricultores tradicionales como los custodios de la biodiversidad agrícola, así como el derecho de estos a participar en los beneficios derivados del uso de la misma.

El valor estratégico de las variedades locales de nuestros agricultores tradicionales lo demuestra el hecho de que durante la segunda guerra mundial, la Gestapo de la Alemania nazi tuviese una unidad responsable de la recolección de semillas locales en los distintos países que invadían, y de que el banco de germoplasma (o de semillas) de Brasil dependiera del Ministerio de Defensa.

Valor local, cultural e identitario: estas variedades tradicionales están, sobre todo, adaptadas a los gustos, preferencias y necesidades de los territorios que las seleccionaron durante milenios por su sabor, resistencia a enfermedades locales y buena adaptación al entorno. Además, desde un punto de vista culinario, las recetas de «nuestras abuelas», que varían de territorio en territorio, se han desarrollado en paralelo con estas variedades, por lo que cuando las mismas recetas se aplican a variedades distintas, el resultado no sea siempre el esperado.

Nadie duda de que los idiomas/dialectos, paisajes, catedrales, obras de arte y monumentos de un territorio son parte de las señas de identidad y patrimonio de este. Este criterio debería aplicarse también a las variedades y razas locales, así como a las recetas y otros conocimientos tradicionales asociados a las mismas. Tantos unas como otros se han desarrollado a lo largo de milenios y están íntimamente ligados a las condiciones locales, gustos, tradiciones, e idiosincrasia de cada pueblo.

Debemos aprender a defender, proteger, conservar y utilizar estas variedades con el mismo ahínco con que defendemos los demás patrimonios y señas de identidad.

Esto es precisamente lo que pretende hacer este libro: «PATRIMONIO ALIMENTARIO DE CANTABRIA». Ismael Ferrer vive en Cantabria desde 2019, y en estos 5 años ha observado que la huerta en Cantabria está prácticamente desaparecida y depende en gran medida de lo que se produce en otros lugares. Si bien se continúan cocinando muchos platos tradicionales, las semillas y variedades utilizadas proceden de otros territorios, y cada vez más son variedades internacionales uniformes y homogéneas fruto de la agroindustria mercantilizada.

El libro describe y analiza 41 variedades tradicionales de Cantabria. La mayor parte de ellas son casi desconocidas y que solo cultivan unos pocos campesinos, en general mayores, o que han sido recuperadas en bancos de germoplasma. Se trata, sobre todo, de cultivos de huerta y maíz. Destacan las escalonias, los respigos, las chirivías, el pimiento choricero, la alubia de vaina de Dobres y el maíz blanco. En cada ficha, el autor identifica la variedad, determina el origen, describe sus características morfológicas y agronómicas, incluidas numerosas observaciones y curiosidades, informa sobre los aspectos culinarios y recetas tradicionales, aporta datos culturales de la variedad y hace una valoración global de su situación actual, singularidades y potencial del alimento. El libro incluye muchos datos inéditos y sorprendentes, que son en general ignorados en la documentación agronómica o culinaria existente.

El objetivo de Ismael Ferrer es abrir los ojos de la comunidad educativa para promover el interés de profesores y alumnos, e informar a los responsables políticos de la relevancia de estos temas para la sostenibilidad y el cumplimiento de los objetivos de la Agenda 2030. El alimento y la recuperación del sabor debe ser considerado una pieza troncal en la educación en el aula. La conservación de la diversidad y el mantenimiento de especies son piezas esenciales para la salvaguarda del planeta.

Si las autoridades competentes de muchos países comprendiesen el valor económico, estratégico y social inestimable de sus limitados recursos naturales, entre los que ocupan un primerísimo lugar las semillas tradicionales, no regatearían esfuerzos para salvaguardarlas. El valor de las minas como fuente de minerales, o del petróleo como fuente de energía, han sido ampliamente reconocidos. Sin embargo, la importáncia de los recursos fitogenéticos (o semillas locales), como fuente de genes de valor incalculable para afrontar nuevas enfermedades y adaptarse a impredecibles condiciones climáticas y medioambientales, no han sido aún reconocidos en toda magnitud, y mañana puede ser ya demasiado tarde…

Las variedades tradicionales son un legado de nuestros antepasados y un tesoro imprescindible para hacer frente a las necesidades de un futuro incierto. El cambio climático hace más necesario que nunca mantener la diversidad y la subsecuente capacidad de adaptación de nuestros cultivos. El futuro de nuestros nietos y el de las generaciones futuras depende de ello.

José Esquinas Alcázar
15 de septiembre de 2024

AGRADECIMIENTOS

Quiero expresar mi más sincero agradecimiento a todas las personas que han contribuido a hacer realidad este trabajo. En primer lugar, y de manera especial, a todas las mujeres y hombres que he entrevistado y me han permitido entrar en sus vidas, descubriéndome las singularidades que han heredado y cultivado en su familia durante generaciones: Vicente Molleda Sánchez, Inés Cuevas Soberón, Miguel Herrero Cardero, Nino Pérez Sierra, Carmina González Terán, Marisol García Gutiérrez, Mariángeles Vázquez Bustamante, Federico Rodríguez Sánchez, José Luis Frías Santiesteban, Juan Carlos Martínez Rodríguez, Carlos Martínez de Cos, Eva Tordesillas Gómez, Carlos Rubio Cedrún, Alfredo González Gómez, Eduardo García de los Salmones Ruiz, María José Terán Villegas, Maricruz Cofiño Gómez, Rafaela Mardaras, Ignacio Parraza, Juan Antonio Torralbo Rueda, Juan Antonio Torralbo Argos, Samuel Álvarez Román, Felipe de la Fuente Merino, Prudencio Rivero Noval, Leonor Gómez Trueba, Florencio Ceballos González, Javier Gutiérrez Mardaras, Luis Cordero Montes, Valentín Ruiz Gutiérrez, Virgilio García García, Jesús Fernández Gutiérrez, Maricruz Gutiérrez Bajo, Diego González Ruiz, Begoña García Bustio, José Irusta Sánchez, Santiago Torralbo Torralbo, Pacita, Pedro Luis Ortiz Fernández, Soledad lastra Ibáñez y Ana Rodríguez de la Iglesia.

También toda mi gratitud a Ana Rodríguez y Carlos Rubio de la Red de Semillas de Cantabria por sus indicaciones en mi labor de búsqueda y prospección de semillas locales en el territorio.

Por último, dar las gracias a Eva García y Gabriel Moreno, del Centro de Investigación y Formación Agrarias de Muriedas (CIFA), así como a la Consejería de Educación y Formación Profesional del Gobierno de Cantabria por la convocatoria para la realización de estancias formativas de profesorado que imparte formación profesional en la Comunidad Autónoma de Cantabria. Esta modalidad científico-didáctica del profesorado en empresas me ha permitido realizar cuatro estancias en el último quinquenio escolar. La interacción y sinergias con el CIFA me han facilitado y acercado al mundo hortícola de la región, y así poder tener y conformar una visión objetiva de la diversidad hortícola que ha acompañado a las generaciones pasadas en el territorio cántabro.

Gracias de corazón a todas estas personas comprometidas con la vida, las semillas, el oficio ancestral de la huerta y el amor al sabor en la mesa.

IDENTIDAD ALIMENTARIA

Son varios los aspectos que me hacen reflexionar en todo lo que acontece al hilo conductor que durante generaciones ha sido el sostén de la alimentación de los territorios, y que con la globalización se ha evaporado de tal manera que parece que hablar de ello, es afirmar algo que nunca existió, y que confirma al extremo donde ha llegado la aculturación en materia alimentaria en la sociedad en el último medio siglo. Es evidente que nunca pasó por la cabeza de la población la erosión genética tan aberrante que está sufriendo el planeta, y por ende la humanidad que lo habita.

Hay que ser muy humilde para mirarse en el espejo y aguantar la vista ante la magnitud de este demoledor hecho. Se ha roto la estrecha relación entre personas, lugares y alimentos. Se constata sin discusión cómo el equilibro construido durante generaciones ha sido desmantelado sin rubor. Es la consecuencia de un estilo de vida donde la relación del ser humano con la naturaleza se fundamenta en el acomodo y la falta de responsabilidades.

En el presente siglo XXI, podemos afirmar que la huerta en Cantabria está en claro retroceso, y el cultivo de variedades tradicionales es minoritario, tal y como ocurre en tantos otros territorios de la península ibérica. La gerencia de las vegas, mieses y/o zonas fértiles que rodeaban los pueblos se ha desconectado del mundo rural y de la realidad que ha acontecido durante siglos, lo que ha provocado un problema de gran impacto en el medio natural al convertir la tierra más fértil en asfalto, polígonos y casas.

Lo dijo el sociólogo Zygmunt Bauman: «Cada cosa tiene su importancia, es importante». Y es cierto. Hablar del campo, de la huerta y de los que dedican su vida a alimentar a sus semejantes es un aspecto vital y de primera necesidad. Pero va más allá y adquiere una importancia mayor en el presente siglo después de ver y padecer las consecuencias de la globalización y la economía de libre mercado.

En Cantabria todavía toma un cariz mayor el sustento alimentario de la sociedad si atendemos a la realidad que se vivía antes del descubrimiento de América. El alimento de uso corriente se basaba en cebollas, berzas, nabos, arvejas, mijo y centeno. La climatología no propiciaba el cultivo del trigo, y las cosechas había años en que eran mediocres, lo que nos puede hacer pensar en las carencias nutricionales de la sociedad hasta la llegada de hortalizas y legumbres del Nuevo

Mundo, como las alubias, la patata, el tomate, el pimiento y el maíz. En la actualidad, la producción de estos alimentos se ha desplazado a otros lugares de la Península o fuera de ella.

Pascual Madoz, en el siglo XIX, recoge en el *Diccionario Geográfico-Estadístico-Histórico* el papel y cultivo de legumbres en la región cántabra. Desde la localidad de Abellanedo hasta la localidad de Viveda, cita más de 400 poblaciones donde el cultivo de alubias y garbanzos fue una de las bases de la economía familiar, tanto para consumo como para intercambio o venta. En el último tercio del siglo XIX, primero Amós de Escalante, en su obra *Costas y montañas*, es quien nombra la presencia del maíz en el paisaje que describe como «pilas de borona sin moler en los mercados, junto a alubias de colores, coles, cebollas, y pimientos». Luego es José María de Pereda, en su libro *El sabor de la Tierruca*, el que cita las mieses y el fruto que en ellas se aloja: maíz, alubias, una dupla que fue una revolución por lo que comportó dentro de la sociedad:

> Los mejores mercados de la villa (porque en la villa se celebra uno cada semana) son los de maíz nuevo. En ese tiempo no hay pobres en el país, y cada cual acude a aquel concurridísimo centro de riqueza a proveerse de lo que no tiene, con un poco de lo que menos necesita.

A finales del siglo XX, el prolífico escritor cántabro Enrique Sordo, en su obra *España, entre trago y bocado*, da una idea clara y certera para poder comprender la realidad y el cambio drástico acaecido en su tierra natal en materia alimentaria. Da cuenta del rol que adquiere el ganado vacuno en la economía cántabra, de la importación de razas vacunas para una especialización por la producción de leche y derivados y a la vez de las consecuencias, la casi extinción de las vacas autóctonas y la casi desaparición de la horticultura. Y apostilla Sordo: «Hoy todo eso ha desaparecido. La borona o pan de maíz, ha sido sustituida por el buen trigo, y si hay maizales es para que sirvan de forraje al ganado».

Hoy, a punto de cumplir el primer cuarto del siglo XXI, el turismo ha dado la puntilla al cultivo de la huerta, y el campo solo es sustento para especular con el ladrillo o hacer hierba para vacas. La dependencia en materia alimentaria en Cantabria es una evidencia, y el cultivo, consumo y cultura en torno a las legumbres, maíz y hortalizas de variedades tradicionales han caído en el saco del olvido. La sociedad moderna ha dado la espalda a la profesión que nos hizo sedentarios a la raza humana, y, tristemente, para la comunidad educativa, la formación de personas que cultivan salud y cuidan la tierra parece no ser competencia suya. La cultura habla de muchas facetas para entretener, pero la cultura alimentaria, la que nos aporta salud, bienestar y nos hace ser felices y dichosos por las experiencias gustativas, se deja en manos de los gastrónomos, señores que viven tan alejados del campo como de la realidad que acontece en la mesa.

En este libro hay variedades tradicionales que son parte consustancial del patrimonio alimentario de Cantabria. Son consecuencia de la relación estrecha entre personas, medio natural e influencias y mestizaje de otras culturas; por tanto, es un bien que merece todo el respeto y la conservación pertinente para dejarlo en herencia a las próximas generaciones. Habrá semillas y saberes que se habrán perdido para siempre, pero con humildad, lo que se expone en este libro puede ser útil para divulgar aspectos hoy casi desconocidos, pero con una trayectoria secular. Es un compromiso el trabajar y defender su pasado y el potencial para una sociedad más competente, diversa y vertebradora.

La unificación de hábitos culturales y alimentarios en el mundo moderno, acrecentado con la globalización y los mercados liberales, merma las tradiciones y fomenta la erosión genética, a la vez que toda la selección natural fruto de la acción de los agricultores y su observación se pierde para siempre. Esa realidad es el motor de la vulnerabilidad y dependencia de los cultivos actuales, la oferta alimentaria en los mercados con esos mimbres será difícil poder hacer frente a los cambios ambientales y la aparición de nuevas plagas y enfermedades.

Y por último: el gusto. Su pérdida, que deberíamos poner en el primer lugar, mientras observamos comida sin sabor pero que, por el contrario, deja grandes dividendos a aquellos que la gestionan. Esta deriva muestra la desconexión y despreocupación del ser humano frente a la mesa.

Es evidente que el concepto de diversidad y singularidad de algunos alimentos locales ha pasado de puntillas dentro de la bibliografía gastronómica, aunque, afortunadamente, no lo fue para los hombres de campo, que supieron conservar, cultivar y disfrutar de estos monumentos de la huerta en la mesa para hacerlos llegar hasta nuestros días.

Que la expresión de cada ser humano, por el reconocimiento que tiene de la vida por su integridad, permita proteger el respeto de las diferencias dentro de la diversidad alimentaria, para mantener la riqueza dada por el Creador y puesta al servicio de la humanidad en cada rincón de la Tierra. Con el deseo de que esta obra permita abrir luz, orden, voz y presencia de todas aquellas singularidades vegetales de la huerta local en las cocinas familiares y profesionales de Cantabria.

Ismael Ferrer Pérez

Singularidades de la huerta cántabra

Cebolla

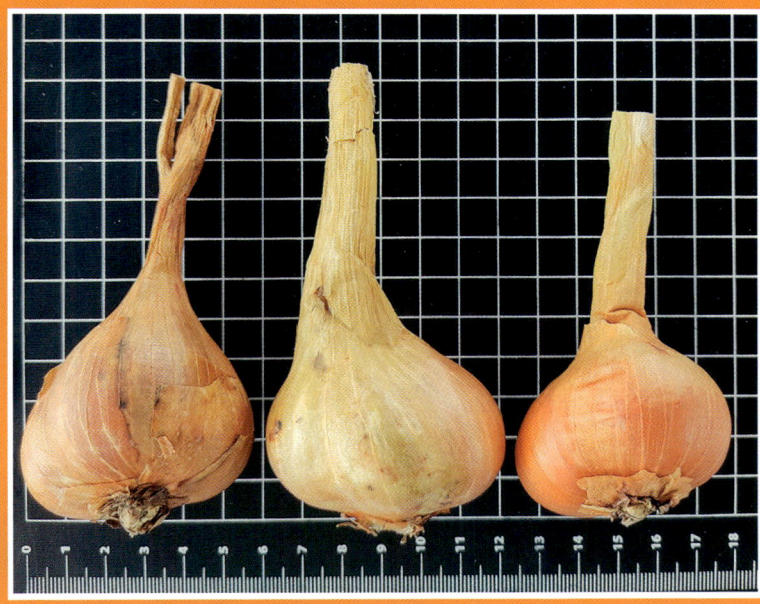
Bulbos de cebollitos.

Ficha n.º 1

Cebollito de Barcenillas

1. Variedad tradicional

Nombres locales: Cebollitos.
Familia: Alliaceae.
Género: *Allium.*
Especie: *Allium. Ascalonicum.*

Citas bibliográficas: Sin referencias.

Valoración local: Barcenillas es una localidad del municipio de Ruente, situada a 220 m de altitud sobre el nivel del mar. La población se localiza en la parte baja del valle, muy próxima al cauce del río Saja. Se conoce el cultivo de los cebollitos en distintas localidades de los municipios de Ruente y Cabuérniga. Aunque la ganadería en el siglo pasado era el sostén económico principal, el cuidado de mieses para el cultivo de maíz, patata, alubias, cebollas y coles era vital para el sustento de las familias. Había por entonces mucha conexión entre los vecinos en el mundo rural, pues, entre otras cosas, se compartían saberes y semillas. Las localidades de Barcenillas, Ruente y Viaña son testigos del cultivo y consumo de esta singular escaluña en el siglo XX. Vicente Molleda heredó de su madre la semilla y los saberes en torno a los cebollitos, tradición que viene de sus abuelos.

Vicente Molleda Sánchez.

2. Origen

Localidad: Barcenillas.
Comarca: Saja-Nansa.
Provincia: Cantabria.
Nombre donante: Marisa Sánchez Martínez.
Evaluador: Ismael Ferrer Pérez.
Nombre hortelano/a: Vicente Molleda Sánchez.

3. Características morfológicas y agronómicas

Color, tamaño, peso y forma: El bulbo es de color amarillo canario, y el interior amarillo limón. Tamaño pequeño, forma redonda y con un peso por ejemplar de entre 25-30 g.

Fecha de siembra, cosecha y labores de campo: La siembra se realiza a comienzos de año, los días de enero que el tiempo lo permita. Se preparan surcos, y los bulbos se disponen en la tierra a 30 cm de distancia y se cubren con dos dedos de tierra. La recolección se efectúa durante el mes de junio. Se realiza un pase de cultivador a entradas del invierno, y cuando es la época de siembra se prepara la tierra. Durante el ciclo hay que sallar la tierra un par de veces o tres para sacar las hierbas. El riego es con agua de lluvia.

Observaciones y curiosidades: De cada cebollito se recogen entre 4 y 10 bulbos. Se trata de una variedad muy prolífica y rústica. Así como la cebolla se empleaba por su tamaño para hacer morcillas o el tradicional *borono*, el cebollito, por su tamaño menor, se empleaba para confeccionar platos donde un ejemplar era suficiente. El uso generalizado es durante los meses de otoño e invierno; ocasionalmente, se utiliza para ensaladas cuando esta recién cosechado.

Conservación: Los bulbos se mantienen bien hasta el mes de marzo en un lugar fresco y seco. Se guardan en cajas o en manojos.

4. Aspectos culinarios

Partes comestibles: El bulbo seco.

Cualidades organolépticas: Es de sabor más intenso que la cebolla y ligeramente dulce.

Valoración gastronómica: Aporta matices interesantes en elaboraciones de carne, guisos o estofados. El sabor que aporta establece muy buena sinergia y realza la elaboración.

Recetas tradicionales: Piriñaca y tortilla de cebollitos. También se utilizan para elaborar sofritos para apañar o arreglar las alubias.

5. Datos culturales de la variedad

El alimento está identificado con el territorio: Sí.
El alimento es reconocido por la cultura gastronómica local: Sí.
El alimento está presente en el recetario tradicional cántabro: No.
El alimento está relacionado con alguna fiesta pagana y/o religiosa local: No.
El alimento se cultiva en la actualidad: Sí.
El alimento se comercializa en la actualidad: No.
Hortelanos/as: Vicente Molleda Sánchez, en la localidad de Ruente.

6. Valoración global

Comercialización: No hay comercialización.
Situación actual: El cultivo está en peligro de desaparecer en el valle, ya

27

Cebollitos de Barcenillas.

que la mayoría de las huertas se están quedando huérfanas de hortelanos y, como consecuencia de ello, se pierden los bulbos y la tradición cultural aparejada en torno a ellos. En la actualidad, se cultiva para autoconsumo y mantener la variedad.

Singularidades y potencial del alimento: Esta escaluña local destaca por la escasa mano de obra que necesita, la rusticidad y la excelente adaptación. Los cebollitos son una muestra clara de la soberanía alimentaria e identitaria de la comarca Saja-Nansa. Un alimento que cuenta con un acervo hortícola y culinario encomiable para mantener el cultivo en las huertas y consumir en las mesas. Esta es la clave para que esta singularidad de la huerta cántabra siga formando parte del ideario alimentario de esta tierra. El potencial que tiene es una evidencia que no admite discusión alguna.

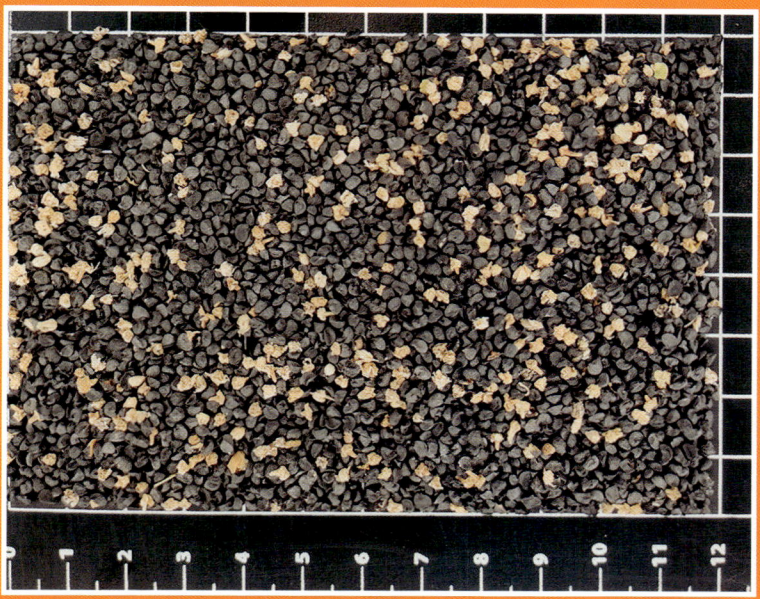

Semilla de cebolla roja de Bedoya.

Ficha n.º 2

Cebolla roja de Bedoya

1. Variedad tradicional

Nombres locales: Cebolla roja, cebolla de Bedoya, cebolla de casa.
Familia: Alliaceae.
Género: *Allium.*
Especie: *A. cepa.*

Citas bibliográficas: Señala de manera precisa el insigne Amós de Escalante los productos de la tierra que satisfacían las necesidades en aquel tiempo:

> Allí los frutos de la tierra: pilas de borona sin moler, recogidas sobre tendidas sábanas; descoloridos trigos de la montaña, el álaga y el cutiano; tiernas alubias de blanca o roja o azotada piel; sabrosas legumbres y frescas verduras; coles y cebollas, y los rojos pimientos y ajos duros de Quevedo.
>
> Amós de Escalante: *Costas y montañas.*
> *Diario de un caminante.* Santander, 1871.

29

Víctor de la Serna señala con precisión lo que significaba el día de mercado en la Real Villa de Potes. Con seguridad, la cebolla roja de Bedoya sería protagonista durante los meses de otoño:

No sé si habrá en España una capital tan capital como Potes. Los 110 pueblos le guardan tales diferencias, que todo está en Potes: el comercio, la asistencia sanitaria, las diversiones, todo. «La Villa», los lunes celebra mercado. Todo Liébana «baja» entonces y es fiesta para todos los pueblos. A Potes baja el maestro, baja el cura, baja el de la tienda y baja el labriego a comprar y a vender. En lunes no es correcto contar en Liébana con nadie. Y en Potes el comercio trabaja casi para toda la semana.

Víctor de la Serna: *Nuevo viaje de España*, Madrid: Prensa española, 1955.

Carmen González Echegaray anota con rigor el uso de la cebolla, y documenta distintas poblaciones donde su presencia es insustituible:

La matanza del cerdo en Espinama (Liébana). Por la tarde, hacían las mujeres las morcillas. Se cogen las tripas y las cosen una boca. En un balde se le echa la sangre sobre las *sopas* de pan cortadas a navaja, y cuanto más finas mejor sale la morcilla. Se llenan las morcillas del batu o mondongo compuesto por la sangre, sopa, cebolla, harina —poca— de trigo. La cebolla va cocida y pasada por el pasapuré, con una pequeña cantidad de agua bien amasada.

La matanza del chon en algunos pueblos de Liébana (Cabezón de Liébana y Vega de Liébana). Las labores de la matanza del chon, diríamos que comienzan la víspera de ser sacrificado, con la preparación, por parte de las mujeres de la casa, de las sopas de pan y el *pique* de las cebollas, para hacer las morcillas. ...Las tripas de intestino grueso se rellena de mondongo que es: las sopas de pan, la sangre, bastante cebolla, algo de arroz y perejil, todo revuelto, y se le van metiendo trozos de grasa. Una vez hecho todo se pone a cocer. Primero las morcillas pequeñas, que suelen tardar una hora y que hay que tener cuidado de irlas sacando el aire (pinchándolas de vez en cuando con una aguja) para que no revienten. ... Los merdosos consiste en hacer un bato (puré) de sangre, harina, cebolla frita, ajo y perejil; todo bien pasado por el tamiz. Después en una sartén caliente con media cucharada de grasa derretida, se vierte el bato, procurando que ocupe toda la sartén y quede lo más fino posible.

Carmen González Echegaray: *La matanza o «matancio» del cerdo en Cantabria,* Bilbao: Caja Cantabria,1993.

Miguel Carravedo y Cristina Mallor conservan en el Banco de Germoplasma de Especies Hortícolas de Zaragoza cuatro entradas de cebolla procedentes de Liébana:

Cebolla de Bedoya procedente de Esanos, donde destacan una presencia magnifica, merece un estudio futuro, cebolla morada sangre de buey de Liébana parecida a la anterior y cebolla del país marrón y cebolla del país morada, las dos de San Pelayo.

Miguel Carravedo y Cristina Mayor: *Variedades autóctonas de cebollas españolas,* Zaragoza: Gobierno de Aragón, 2007.

Valoración local: Salarzón es una localidad del municipio de Cillorigo de Liébana, situada a 666 metros sobre el nivel del mar. Bedoya es un valle que lo conforman 6 localidades: San Pedro, Salarzón, Pumareña, Cobeña, Trillayo, y Esanos. La cebolla de Bedoya es originaria de ese valle, donde tradicionalmente fue un cultivo muy importante para la economía familiar. Es una cebolla que no es de guardar, por lo tanto, en la entrada del otoño se consumía la mayor parte de ella. La cebolla era un ingrediente esencial para la elaboración de muchos productos de la matanza y base de numerosos platos de cocina. Los lunes, día de mercado en Potes, durante los meses de septiembre, octubre y noviembre era el momento de mayor venta de la cebolla de la campaña. El día 2 de noviembre Potes celebra la feria de otoño (Feria de los Santos), que tradicionalmente fue una fecha importante, donde personas de todos los valles y localidades cercanas se reunían para compartir, hacer acuerdos y cerrar contratos. La compraventa de ganado, legumbres y hortalizas era un acontecimiento principal de la jornada. Para las familias a las que todavía les quedaban cebollas por vender, era el día señalado para deshacerse de las que no se iban a consumir en el hogar. Esta familia de Salarzón ha cultivado durante varias generaciones la cebolla de Bedoya, e Inés Cuevas, hasta su jubilación en esta misma década, ha mantenido y conservado la cultura, cultivo y venta de esta variedad en Cantabria y fuera de la región.

2. Origen

Localidad: Salarzón.
Comarca: Liébana.

31

Provincia. Cantabria.
Nombre donante: Felisa Cuevas Soberón.
Evaluador: Ismael Ferrer Pérez.
Nombre hortelano/a: Inés Cuevas Soberón.

3. Características morfológicas y agronómicas

Color, tamaño, peso y forma: El color del bulbo es rojo, y en el centro o corazón aparecen tonos blancos. Es de tamaño medio a grande, y los ejemplares van del medio kilo a los 800 gr, llegando e incluso ocasionalmente al kilo. La forma del bulbo es redonda y tradicionalmente plana.

Fecha de siembra, cosecha y labores de campo: El semillero se prepara en la mengua

Inés Cuevas Soberón.

de octubre, mengua de noviembre y mengua de diciembre. En los meses de abril y mayo se trasplanta en líneas; la variedad está muy adaptada. La recolección comienza a finales de julio y durante todo el mes de agosto. Un pase de cultivador antes de trasplantar, hacer los surcos, plantar y sallar a los 15-20 días para retirar la hierba y a la vez hacer un surco para poder regar. Regar cada 7-8 días.

Observaciones y curiosidades: Recolectar en mengua. Es una cebolla con bajo ácido pivúrico, por lo que se conserva bien no más allá de las navidades. La semilla en otros lugares el comportamiento de la planta no es el mismo. El cultivo todavía se mantiene gracias a la excelente calidad de la cebolla, aspecto que ha contribuido a que su cultivo y venta en la comarca de Liébana esté presente.

Conservación: En trenzas colgadas, en el suelo de madera o en cajas en un lugar frío.

4. Aspectos culinarios

Partes comestibles: Se consume el bulbo, la cola no se aprovecha.

Cualidades organolépticas: Es una cebolla dulce, muy jugosa, triscona de textura, crujiente pero no dura.

Valoración gastronómica: Antes se empleaba mucha cebolla en la comarca de Liébana, especialmente para la matanza.

Recetas tradicionales: Sopa de cebolla, sopa de *prau* o de los tres valles, ensalada de cebolla, merdosos y *boronos*.

5. Datos culturales de la variedad

El alimento está identificado con el territorio: Sí.

El alimento es reconocido por la cultura gastronómica local: Sí.

El alimento está presente en el recetario tradicional cántabro: Sí.

El alimento está relacionado con alguna fiesta pagana y/o religiosa de carácter local: No.

El alimento se cultiva en la actualidad: Sí.

El producto se comercializa en la actualidad: Sí.

Hortelanos/s: Muchas familias en las casas del valle de Liébana para autoconsumo. Media docena de personas para comercializar.

6. Valoración global

Comercialización: Venta directa en tiendas y a través de cestas o pedidos. Se presenta en trenzas y también sueltas a granel.

Situación actual: Inés heredó la cultura y la semilla de sus padres, Gonzalo y Casilda, y aprendió de su hermana el cultivo y manejo de la cebolla. En su casa son más de 3 generaciones las que han cultivado y vendido cebollas. Sin relevo generacional, esta hortelana profesional en el año 2022 dejó de cultivar cebollas para su comercialización. Actualmente, en el valle de Bedoya no hay personas de menos de 50 años que cultiven cebollas; solo unos pocos hortelanos en la comarca de Liébana cultivan esta variedad para venta comercial, alrededor de 10.000-20.000 cebollas anuales. Para autoconsumo, muchas familias mantienen

Cebolla roja de Bedoya.

ese arraigo ligado a la cultura de esta emblemática cebolla en la comarca de Liébana y en la comunidad cántabra.

Singularidades y potencial del alimento: Estamos ante una de las cebollas históricas españolas por todas las características y singularidades que tiene. Su potencial es una realidad, y prueba de ello es que se mantiene el cultivo a pesar del abandono continuado de las huertas y del oficio de hortelano. Tristemente, en el valle de Bedoya las dos familias que durante generaciones contribuyeron hasta bien entrado este siglo a mantener el cultivo, están dejando su labor por llegar a la jubilación y no haber relevo generacional. Actualmente, el atractivo turístico es sin lugar a duda el aliento para que sobreviva esta variedad y mantenga los escasos hortelanos que todavía están activos en la comarca de Liébana. El potencial está en saber transmitir la cultura y educar a nuevas generaciones en el papel que desempeña la cebolla como elemento vertebrador y promotor del patrimonio alimentario local y sostenible. El sabor depende de saber realizar esta ecuación que forma parte de la naturaleza de este lugar desde tiempos remotos, y estamos a punto de perder el hilo conductor para siempre.

Bulbos de cebolla ajera de Campo de Ebro.

Ficha n.º 3

Cebolla ajera de Campo de Ebro

1. Variedad tradicional

Nombres locales: Cebolla ajera, cebolla de casa.
Familia: Alliaceae.
Género: *Allium.*
Especie: *Allium ascalonicum.*

Citas bibliográficas: Sin referencias.

Valoración local: Campo de Ebro es una localidad del municipio de Valderredible, situada a 707 metros sobre el nivel del mar y a 41 km al sur de Reinosa. Esta población se encuentra en un valle fértil por donde discurre el río Ebro, en el extremo sur de la comunidad de Cantabria. La cebolla ajera se ha cultivado durante todo el siglo XX en distintas localidades del municipio de Valderredible, a tenor de los datos recogidos y testimonios aportados por personas de este territorio. Las condiciones climáticas son propias de un clima más frío y con menos precipitaciones, idóneas para el cultivo de esta variedad de chalota o escaluña. Miguel herrero toma el relevo a Esperanza y, gracias a su compromiso, hoy podemos constatar el cultivo de esta variedad y a la vez edificar la cultura hortícola y culinaria que este alimento tuvo en el sur de Cantabria.

2. Origen

Localidad: Campo de Ebro.
Comarca: Campoo-Los Valles.
Provincia: Cantabria.
Nombre donante: Esperanza Gallo.
Evaluador: Ismael Ferrer Pérez.
Nombre hortelano/a: Miguel Herrero Cardero.

3. Características morfológicas y agronómicas

Color, tamaño, peso y forma: El bulbo presenta un color dorado y el interior blanco. Tamaño muy pequeño y forma ovoide; el peso de cada ejemplar oscila entre los 7-11 g.

Fecha de siembra, cosecha y labores de campo: La siembra tradicionalmente era en noviembre, en torno a la fiesta de los difuntos, cuando se siembran los ajos, «de ahí su nombre». Actualmente, se está sembrando a finales de febrero, y la recolección es en junio, cuando se seca el tallo de la planta. A la tierra se le da un pase de cultivador, y cuando hay tempero, la fresa. Se preparan surcos y se siembran a 25 cm unas de otras. Hay que realizar desherbado para retirar las malas hierbas.

Observaciones y curiosidades: Es una variedad rústica. Admite la siembra en distintas fechas, haciendo el ciclo perfectamente, siendo la única variable en que la recolección se adelanta o se atrasa.

Conservación: Los bulbos se conservan todo el invierno en un lugar fresco y seco. Se guardan sueltas en una caja.

4. Aspectos culinarios

Partes comestibles: El bulbo seco.

Miguel Herrero Cardero.

Cualidades organolépticas: La cebolla ajera es ligeramente dulce y con un leve picor.

Valoración gastronómica: Tiene un sabor más intenso que la cebolla, y el uso tradicional ha sido para preparar platos de caza y guisos por su aportación a los platos.

Recetas tradicionales: Perdices con cebolla ajera, conejo guisado con cebolla ajera y pollo a la cazuela con cebolla ajera.

5. Datos culturales de la variedad

El alimento está identificado con el territorio: Sí.

El alimento es reconocido por la cultura gastronómica local: Sí.

El alimento está presente en el recetario tradicional cántabro: No.

El alimento está relacionado con alguna fiesta pagana y/o religiosa local: No.

El alimento se cultiva en la actualidad: Sí.

El producto se comercializa en la actualidad: No.

Hortelanas/os: Hoy, una docena de vecinos mantienen el cultivo en Campo de Ebro y localidades próximas.

Cebolla ajera de Campo de Ebro.

6. Valoración global

Comercialización: No hay comercialización.

Situación actual: Actualmente, el cultivo está recuperándose como consecuencia de la labor que Miguel realiza para repartir bulbos entre hortelanos de los pueblos colindantes. Se debería promocionar el cultivo para que tome el espacio que ocupó en la cocina años atrás y se consolide su recuperación y presencia en la cultura del territorio. Hoy el cultivo es para autoconsumo en las casas particulares; con ello se está evitando la desaparición de los bulbos.

Singularidades y potencial del alimento: Esta variedad local está totalmente arraigada al territorio; la rusticidad y adaptación han hecho que se mantenga hasta nuestros días. Estamos frente a una singularidad inédita de la huerta cántabra y debemos sentirnos afortunados de que haya llegado viva al siglo XXI. El potencial de esta escaluña se sostiene por los atributos que presenta, tanto por su fácil manejo como por su aportación culinaria a los platos de la cocina local.

Semilla de cebolla roja de año de Carandia.

Ficha n.º 4

Cebolla roja de año de Carandía

1. Variedad tradicional

Nombres locales: Cebolla de año. Cebolla roja. Cebolla de guardar.
Familia: Alliaceae.
Género: *Allium.*
Especie: *A. cepa.*

Citas bibliográficas: La obra de Pascual Madoz menciona las localidades de Allendelagua, la pedanía de Oriñón, en el municipio de Castro Urdiales, y San Vicente de la Barquera donde se cultivaba la cebolla

Pascual Madoz: *Santander. Diccionario Geográfico-Estadístico-Histórico,*
Salamanca: Ámbito/Estvdio, 1995.

Amós de Escalante escribe:

El día del mercado en Torrelavega el ajetreo es inmenso, la plaza esta abarrotada y el alimento toma todo el protagonismo.

Allí los frutos de la tierra: pilas de borona sin moler, recogidas sobre tendidas sábanas; descoloridos trigos de la montaña, el álaga y el cutiano; tiernas alubias de blanca o roja o azotada piel; sabrosas legumbres y frescas verduras; coles y cebollas, y los rojos pimientos y ajos duros de Quevedo.

Amós de Escalante: *Costas y montañas*. Santander: Ediciones Estvdio, 1.ª ed., 1999.

Post-Thebussem describe un plato donde convergen dos de los ingredientes que a mi juicio caracterizan a esta tierra por encima de otros: la anchoa y la cebolla:

Lo corriente es que la cocinera a cuyas manos llega la anchoa acuerde rebozarlas con huevo o servirlas cocidas, aderezadas con una ligera vinagreta. El pescador es más delicado. Tiene un paladar más exigente. Prefiere a esos guisos, más socorridos que gustosos, la anchoa empanada o en cazuela, que de esas dos maneras llama a su guiso predilecto. Y se lo hace él, si apuran las cosas o no ha educado a su compañera en los secretos de la cocina marinera. Pone una cazuela en el fuego con una capita de aceite y un picado de cebolla, y coloca sobre ese lecho una camada de anchoas, y así hasta que, colocada la última camada de pescado, extiende sobre ella el picado de cebolla y riega con un poco de aceite, añadiendo unos golpes de pimentón. Deja que el fuego haga su obra y el olorcillo y su buen tacto de cocinero le avisan cuando el guiso está en sazón, y puede hacer sus delicias y las de sus invitados. El mismo guiso lo repite, con éxito semejante, para las sardinas, en la época de ellas.

Dionisio Pérez: *Guía del buen comer español*, Valladolid: Editorial Maxtor, 2005.

El trabajo de María Gloria Corpas recoge una elaboración donde la cebolla es el ingrediente que da nombre al plato:

Sopa de cebolla. Ingredientes; 500 g de cebollas, sal, pimienta, 1 cucharada de harina, 1 litro de consomé, 250 g de pan blanco, 50 g de queso rallado, 1 decilitro de aceite. Elaboración; Se cortan las cebollas en tiritas muy finas y se doran en aceite. Se sala muy ligeramente, se sazona con pimienta y se añade el caldo hirviendo. En cacerola tapada se deja hervir durante 20 minutos. Después se ponen en una cazuela las rebanadas de pan, colocando entre medias queso rallado, y se vierte encima la sopa de cebollas. Por último, se espolvorea con queso rallado y se gratina al horno.

María Gloria Corpas: *Cocina cántabra*, Santander: M. G. Corpas, 1980.

Carmen González Echegaray, con el rigor propio de su buen hacer, indica el uso de la cebolla y anota distintas poblaciones donde la cultura en torno a ella es una realidad:

Fechas antes, ya empezaba a verse movimiento en la casa donde había de matarse el cerdo. Se marcaban los productos necesarios, se limpiaban los utensilios y barreñas que desde el anterior año esperaban, guardados, la nueva ocasión de servir, y se hacía acopio de ajos, arroz, pimentón, cebolla, sal, etc.

Inmediatamente después de la comida, las mujeres comenzaban a preparar las morcillas. En el barreño de la sangre, ya colada ésta para que no pase ningún coágulo, se mezcla con el arroz, cebolla grasa y todos los demás añadidos que quieran ponerse. Se amasa y revuelve todo bien, y se procede al relleno de las morcillas.

La matanza del cerdo en Bustidoño. Para hacer las morcillas del chon, aproximado poco más o menos de 100 kgs, se podrán en un caldero unos 4 kgs de arroz, a hervir sólo unos 5 minutos; se quita del fuego y rápido se saca a un barreñón y se esparce a las orillas para que no guarde el calor: Ingredientes, unos 2 kg de cebolla que se fríe con otra mitad de ajo bien machacado, pimiento, pimienta, orégano y hierbabuena.

La matanza del cerdo en Vega Pas. A esta cinta, se le da en la zona alta el nombre de alma, que se pica o parte en pedacitos pequeños, y se les echa a las morcillas juntamente con la sangre, cebolla, arroz, etc. Para hacer las morcillas se necesita sangre, cebollas, orégano, nuez moscada, sal y arroz.

La matanza del cerdo en Mirones. Se empieza a preparar para hacer las morcillas y se empieza a cocer el arroz, al que se le da un hervor como de 5 minutos y se tapa con un paño; se pican las cebollas (4 o 5 kg) y la grasa del *rebero*, se pone en una cazuela grande y se le agrega la cebolla. Se sofríe hasta que esté blanda. Se pica un manojo de perejil, se mezcla con orégano, pimentón picante y dulce, nuez moscada, clavo, pimienta y comino.

La matanza del cerdo en Orejo. Las tripas para hacer morcillas se lavan y una vez bien lavadas se ponen en un caldero, con una taza de sal gor-

41

da, limones, vinagre y cebolla. Esta operación se repite dos o tres veces; antiguamente también se les echaba para limpiarlas harina de maíz. Para hacerlas se fríen unos 12 kg de cebolla… Morcilla blanca. Se utiliza carne picada, mitad cerdo, mitad vaca, un kilo, por ejemplo. Se pican unos dientes de ajo, un par de cebollas buenas y un ramito de perejil. Se bate media docena de huevos, se amasa todo junto y se añade la sal. Luego se embute y se pone a cocer. Se cuelgan y orean. Cuando se van a comer, se sirven con salsa de tomate. Asadurilla o hígado de cerdo. Ingredientes y cantidades: 3 cebollas, 5 dientes de ajo, pimentón, sal, picante, pimienta, aceite y 1 tomate, media copa de vino blanco, media copa de jerez y perejil… Manos de cerdo. Para la cocción: 1 zanahoria, 1 cebolla, 3 ajos, perejil, sal, laurel y tomate…

La matanza del cerdo en la comarca de Castro-Urdiales, Otáñes, Sámano y Guriezo. Las mujeres han terminado de preparar la masa para las morcillas, que consiste en: la sangre del animal, la manteca fina picada en la que se incluye la del bajo vientre que se llama *cojonadas*, cebolla, perejil, arroz cocido previamente, un poco de sal, pimienta y un poquito de clavo y proceden a embutirla en los intestinos *anchos* y el *morcillón*.

La matanza del cerdo en Santibáñez de Garriedo. Para hacer las morcillas ya desde el día anterior todo está preparado: el arroz cocido con una cabeza de ajo y la cebolla. En un barreño limpio, se pone el arroz, cebolla, sal, perejil, puerro, orégano, pimienta molida, clavo, nuez moscada, comino y pimentón, y se mezcla todo bien mezclado y por encima se echa la sangre volviendo a amasar.

La matanza del chon en San Miguel de Aguayo. Se procede también a hacer los embutidos tradicionales: morcillas, esa misma tarde, chorizos y sabadales. Las morcillas contienen en la masa o mondongo sangre, grasa, arroz, cebolla, ajo, pimienta, pimentón, orégano y sal.

La matanza del cerdo en Miera. Modo de hacer las morcillas. Las morcillas se hacen con la sangre del cerdo, 2 y 3 kg de arroz, manteca, un manojo grande de perejil, un manojito de orégano, pimienta, anises, 4 y 5 kg de cebollas, comino, un poco de nuez moscada, clavo, 100 g de pimentón dulce, picante y sal en las proporciones adecuadas.

La matanza del cerdo en Miera. Boronos. Se cogen 3 partes de harina, una parte de sangre de cerdo, una cebolla, tres dientes de ajo, una semilla de pimienta, una de comino y otra de clavo. … Torta de cascaritos. Ingredientes.: Harina de maíz, sal, azúcar, leche, cascaritos, manteca y una copa de anís.

La matanza del cerdo en Arenal de Penagos. Emberzados. Ingredientes: Grasa de cerdo, sangre de cerdo, harina de maíz, cebolla picada y sal.

Mezclar todos los ingredientes. Darles forma de rollo, envolver en hojas de berza, cubriéndoles bien. Atarlos al objeto de mantener la forma adquirida. Cocerlos en agua caliente y sal. Dejar enfriar. Se comen como guarnición de un cocido o bien fritos. Relleno. Tocino, 200 g; huevos, 2 unidades; ajos, tres dientes; cebolla; perejil y cebolla picados. Añadir sal, pimentón, un poco de harina o pan rallado y un puñado de arroz. Añadir los huevos batidos y mezclar todo el conjunto. Colocarlo todo en una hoja de berza, atándola con un hilo consistente a fin de que no se salga la mezcla. Este relleno es un ingrediente más a añadir en los cocidos, proporcionándolos un agradable sabor.

La matanza del cerdo en La Serna de Valderredible. Las morcillas se hacían con arroz, cebolla, manteca en trozos grandes, sacados del unto; después de rellenas, se cocían en la caldera de cobre...

La matanza del cerdo en Ajo (Sietevillas). Para preparar morcillas, se cuecen 3 y 4 kg de arroz y dos ensaladeras de cebolla bien picadita, perejil, la grasa del chon, y el arroz, ya frío; la cebolla no debe freírse demasiado, sino que debe quedar *rendida*...

Matanza en Bejorís de Toranzo. Para preparar las tripas, se echaba harina de maíz al lavarlas. Se cocía el arroz con sal, se fría cebolla abundante a la que se añadía a última hora perejil picado, se añadía al arroz orégano deshecho con la mano, comino, pimienta y clavo. Se añadía a toda la grasa y pimentón, y se procedía a rellenar con embudo. Para cocer las morcillas se ponía en el fondo del balde o caldera una tapadera de puchero, para que no se pegasen.

Carmen González Echegaray: *La matanza o «matancio»*
del cerdo en Cantabria, Bilbao: Caja Cantabria,1993.

Una de las recetas tradicionales que tiene más adeptos y en la que hay una sinergia perfecta entre el mar y la huerta son los cefalópodos y las cebollas. Con buen tino, la Cofradía Gastronómica El Zapico aporta esta elaboración:

Chipirones encebollados. Ingredientes: 1 kg de chipirones, 2 de cebollas, 2 de pimientos verdes, aceite de oliva, vino blanco, coñac y sal. Elaboración: La base principal para que los chipirones queden con la cebolla confitada es que hay que saltearlos ligeramente, antes, con un poco de aceite y lo pondremos a escurrir para que suelten el agua que tienen. En una sartén con el aceite caliente, rehogaremos la cebolla y el pimiento, picados en juliana fina y cuando veamos que se empieza a caramelizar, echaremos los chipirones escurridos; los sazonamos, los salteamos y les añadimos un chorrito de coñac y vino blanco. Esta receta ha sido proporcionada gentilmente por la Chola, para esta Cofradía.

Recetario Zapico de la cocina de Cantabria,
1.ª Entrega, Cantabria: Gobierno de Cantabria, 2000.

Miguel Carravedo y Cristina Mallor conservan en el Banco de Germoplasma de Especies Hortícolas de Zaragoza, cuatro entradas de cebolla roja procedentes de Cantabria: «Cebolla roja de Ampuero, cebolla roja de Arce de la que señala, la cebolla roja más pequeña de la colección, cebolla roja de Colindres y cebolla roja grande también de Colindres».

Miguel Carravedo y Cristina Mayor: *Variedades
autóctonas de cebollas españolas,* Zaragoza:
Gobierno de Aragón, 2007.

Valoración local: Carandía es una localidad del municipio de Piélagos y se encuentra a 36 metros de altitud sobre el nivel del mar. El río Pas discurre sobre la tierra de esta localidad, donde el cultivo de la cebolla tuvo un papel predominante en la huerta. Algunos testimonios me hacen saber que la variedad de cebolla roja es originaria de Udalla, localidad del municipio de Ampuero, y que llegó a Carandía en torno a la década de los años 50 del pasado siglo XX. El guarda de Udalla empezó, y luego vino Nino Pérez Arenal, los cuales hicieron semillero para la venta de cebollino y atender la demanda de los pueblos colindantes hasta el presente siglo XXI. Alrededor de 100.000-150.000 plantas hacían cada uno; entonces todo el mundo hacía huerta, y algunas familias plantaban 4.000-5.000 cebollas para la venta en fresco. La cebolla se vendía directamente, aunque el lugar más importante era el mercado de los jueves de Torrelavega. Esta variedad hace llorar al pelarla o cortar, pero no pica al paladar.

Nino Pérez Sierra.

Nino hijo ha visto toda la vida en casa esta cebolla, y ahora su hijo y su nieto heredarán toda la cultura en torno a esta variedad tradicional.

2. Origen

Localidad: Carandía.
Comarca: Valle de Piélagos.
Provincia: Cantabria.
Nombre donante: Nino Pérez Arenal.
Evaluador: Ismael Ferrer Pérez.
Nombre hortelano/a: Nino Pérez Sierra.

3. Características morfológicas y agronómicas

Color, tamaño, peso y forma: La cebolla presenta la piel de color rojo, de tamaño medio, y el peso oscila alrededor de los 400 g cada ejemplar, y la forma es ovalada y plana. Los bulbos son uniformes.

Fecha de siembra, cosecha y labores de campo: El semillero, en la mengua de septiembre o diciembre. Se llevan al campo en febrero o marzo, y la recolección es en la mengua de julio o agosto. Pase de cultivador antes de plantar, marcado de la tierra y trasplante. Se realizan varios pases de desherbado con azada. En febrero o marzo se siembra una cebolla hermosa que hayamos elegido para obtener la semilla en el mes de julio. Esta semilla será con la que haremos de nuevo el semillero.

Observaciones y curiosidades: Cuando dobla el tallo es el síntoma que la cebolla está lista para recolectar. La cola de la cebolla seca muy mal, por lo que es importante que esto se haga bien para luego no tener problemas en la conservación. El bulbo es blanco y no pica como otras cebollas rojas, que sí pican.

Conservación: La forma tradicional de guardarlas es en trenzas, en un lugar fresco y oscuro. En cajas o sobre una madera es otra alternativa.

4. Aspectos culinarios

Partes comestibles: Solo se consume el bulbo.

Cualidades organolépticas: Es una cebolla que no pica y muy suave.

Valoración gastronómica: Cuenta con gran aceptación, gusta mucho y se utiliza tanto para ensaladas como para guisar.

Recetas tradicionales: Ensalada de cebolla, *boronos*, morcilla de cebolla, pastel de cebolla, bonito encebollado y jibiones de guadaña encebollados.

5. Datos culturales de la variedad

El alimento está identificado con el territorio: Sí.

El alimento es reconocido por la cultura gastronómica local: Sí.

El alimento está presente en el recetario tradicional cántabro: Sí.

El alimento está relacionado con alguna fiesta pagana y/o religiosa local: No.

El alimento se cultiva en la actualidad: Sí.

El alimento se comercializa en la actualidad: Sí.

Hortelanos/as: Solo Nino mantiene esta variedad.

Cebolla roja de año de Carandia.

6. Valoración global

Comercialización: Venta directa en tiendas y a través de cestas o pedidos. Se presenta en trenzas y también sueltas a granel.

Situación actual: Hoy el cultivo de cebolla para autoconsumo ha descendido en las huertas de manera generalizada, y la práctica de la obtención de semilla propia en las familias está quedando en el olvido, aspecto que nos aboca a una dependencia de las casas comerciales y que por el contrario minimiza la rusticidad y el carácter resiliente de las semillas. Debido a la cultura y aceptación de esta variedad, hay profesionales que la cultivan para su venta directa y satisfacer la demanda local. De esta variedad hay varios viveros en la comunidad de Cantabria, que hacen semilleros para vender plantero. Nino, desde que su padre se jubiló, solo cultiva cebollas para autoconsumo y mantenimiento de la semilla familiar.

Singularidades y potencial del alimento: Estamos hablando de una de las variedades hortícolas con mayor arraigo y tradición en la huerta cántabra. El potencial es una realidad; la relación y el vínculo de esta cebolla con el territorio y la cocina forman parte del patrimonio alimentario de Cantabria. Solo podemos salvaguardar la identidad y singularidad de los alimentos si están presentes en muchas manos y de manera libre.

Puerro

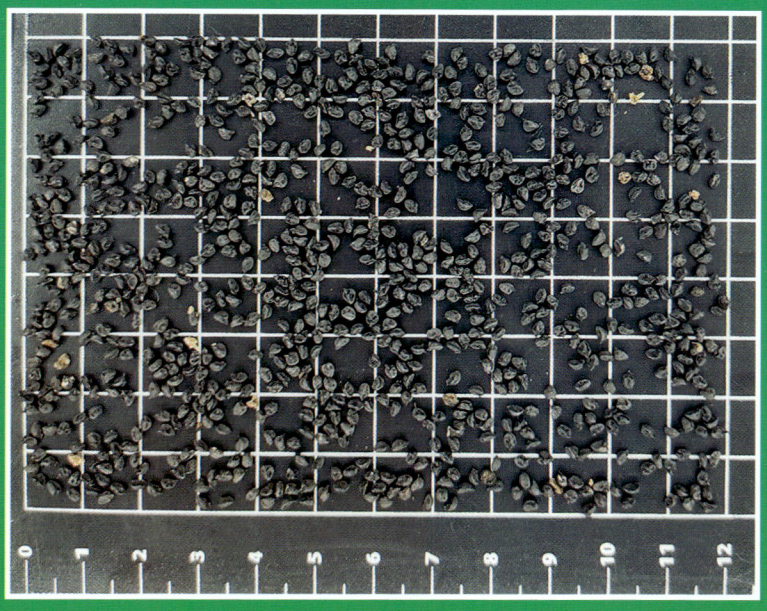

Semilla de puerro de Casar de Periedo.

Ficha n.º 5

Puerro de Casar de Periedo

1. Variedad tradicional

Nombres locales: Puerro de casa.
Familia: Alliaceae.
Género: *Allium.*
Especie: *A. porrum.*

Citas bibliográficas. María Gloria Corpas cita dos elaboraciones en su trabajo de referencia, donde el puerro es el ingrediente principal. Describo la receta de potaje:

> Sopa de puerros y patatas y Potaje de patatas y puerros; Ingredientes: 5 puerros, 1 decilitro y ½ de aceite, 500 g de patatas, agua necesaria para cubrirlas, 1 manojo de perifollo y sal. Elaboración: Se parten los puerros del tamaño que se quieran, sin que sean muy grandes, se fríen en aceite, se

añaden las patatas y la sal, se le agrega el agua necesaria para cubrirlas y se las deja hervir muy despacio durante una hora hasta que se hagan. Por último, se espolvorea con perejil picado y se sirve.

María Gloria Corpas: *Cocina cántabra*, Santander:
M. G. Corpas, 1980.

Zacarías Puente enumera todas estas recetas con el puerro como protagonista, lo que da cuenta del uso del puerro en la cocina cántabra:

Puding de puerros y gambas, Crema de puerros (para acompañar el pastel de berza), Estofado de puerros y calabaza, Puerros monchinos, Revuelto de puerros y angulas, Patatas con puerros, en esta última elaboración indica que los puerros son de Cueto.

Zacarías Puente: *La cocina de Cantabria*,
Fuenterrabía: Imprenta Ondarribi, 1984.

Valoración local: Casar de Periedo es una localidad que pertenece al municipio de Cabezón de la Sal, situada a 90 metros de altitud, en una vega llana por donde discurre el río Saja. La huerta en Casar de Periedo tuvo un papel importante en el pasado. Las mujeres llevaban el peso y de ese momento hoy todavía queda viva la huerta, mientras vemos como en otros lugares ha sucumbido y caído en el olvido más absoluto. Actualmente hay mujeres hortelanas, la mayoría jubiladas, que todavía mantienen su oficio tanto cultivando hortalizas como alubias. Por lo que no es casualidad que a la feria del Casar de Periedo se la conozca como la feria de la hortaliza y la alubia, declarada Fiesta de Interés Turístico Regional. Carmina González conserva la semilla de sus abuelos, y aunque trabajó fuera de casa, siempre mantuvo activo su vínculo con la huerta para satisfacer las necesidades de la familia y mantener las semillas heredadas.

2. Origen

Localidad: Casar de Periedo.
Comarca: Saja-Nansa.
Provincia: Cantabria.
Nombre donante: Plácida Terán Villegas.

Carmina González Terán.

Evaluador: Ismael Ferrer Pérez.
Nombre hortelano/a: Carmina González Terán.

3. Características morfológicas y agronómicas

Color, tamaño, peso y forma: El tallo es de color blanco y un ligero tono verde; la parte aérea, verde oscuro, de tamaño medio.

Fecha de siembra, cosecha y labores de campo: El semillero, entre febrero o marzo, dependiendo como venga la mengua. Se trasplanta a la huerta entre San Juan y San Pedro, como dice el refrán: «Entre San Juan y San Pedro, quita el ajo y pon el puerro». La recolección tiene lugar durante todo el otoño e invierno, a medida de las necesidades. Pase de cultivador y pase de fresa antes de plantar, se preparan surcos y se plantan a 20-25 cm uno de otro. Regar en función de las necesidades y retirar hierba varias veces.

Observaciones y curiosidades: En la tierra, si pasa el mes de abril, se cabeza y saca la flor. La semilla del puerro se recoge en agosto. Cuando tiene lugar la feria de la hortaliza y la alubia, se ponen los puerros de plantero como adorno.

51

Conservación: En lugar fresco durante varios días. En la nevera puede conservarse durante una semana.

4. Aspectos culinarios

Partes comestibles: Se utiliza todo: el tallo o parte blanca para elaborar guisos y la parte verde para la confección de caldos.

Cualidades organolépticas: Tiene un sabor intenso y aromático.

Valoración gastronómica: Es destacable la aportación a los platos de legumbres y de carnes.

Recetas tradicionales: Tortilla de puerro, revuelto de puerro, sopa de puerros y patatas y potaje de patatas y puerros. Para guisar y preparar estofados de carne. Se utiliza en la confección de los sofritos de las legumbres, especialmente las alubias.

5. Datos culturales de la variedad

El alimento está identificado con el territorio: Sí.

El alimento es reconocido por la cultura gastronómica local: Sí.

El alimento está presente en el recetario tradicional cántabro: Sí.

El alimento está relacionado con alguna fiesta pagana y/o religiosa local: No.

El alimento se cultiva en la actualidad: Sí.

El alimento se comercializa en la actualidad: No.

Hortelanos/as: En una docena de casas de la localidad.

Puerro de Casar de Periedo.

52

6. Valoración global

Comercialización: No hay comercialización.

Situación actual: Me hace saber Carmina que antes había mucha gente que sabía y hacía planteros. Me apunta también esta gran hortelana que «solo se aprende por necesidad». Hay pocas personas que conservan variedades tradicionales, y el puerro no es ajeno a esta erosión. Carmina ha hecho plantero durante toda su vida, como hicieron su madre y abuela. Hoy, esta variedad está en peligro de desaparecer, el cultivo es para autoconsumo y está en manos de personas jubiladas. Carmina con nostalgia me expresaba: «Sí hay otros puerros, pero no son iguales a este».

Singularidades y potencial del alimento. Hablamos de una semilla centenaria, que lleva una información secular de adaptación y nexo con la huerta de Casar de Periedo, aspectos de un valor incalculable. Diferencias que dan la singularidad y la complementariedad a la diversidad, que refuerzan y dan la importancia al sentido de salvaguardar el legado de las generaciones pasadas para mantenerlo y dejarlo en herencia a las nuevas generaciones.

Chirivía

Semilla de chirivía de Duña.

Ficha n.º 6

Chirivía de Duña

1. Variedad tradicional

Nombres locales: Chirivía, chirivía de casa.
Familia: Apiaceae.
Género: *Pastinaca.*
Especie: *Pastinaca sativa L.*

Citas bibliográficas: Pereda habla de los mercados, de las cosas que allí se llevaban. Y las chiribías eran parte del paisaje:

> En Cumbrales no abundan las distracciones para personas de la condición social de Ana y María; por lo cual aprovechan éstas la del mercado muy a menudo, especialmente en otoño. Y no se crea que iban a la villa entonces con el único fin de recrearse: llevaban los bolsillos bien repletos, amén de una interminable lista de cosas, en un papel o en la memoria; en la cual

lista había de todo, desde el manojo de chiribías hasta la vara de raso, desde la palangana de loza hasta la resmilla de papel de cartas...

¡Lo que había sobre aquel encharcado suelo! El cestuco de patatas; el taleguillo de harina; los nabos de Reinosa; los limones de Cóbreces; las calladas del Puente; la triguera de chiribías; la banasta de manzanas; el queso de las Cabeceras; el celemín de faisanes; las tres parejas de pollos; las dos docenas de huevos...

José María de Pereda: *El sabor de la tierruca*, 4.ª ed.,
Madrid: Espasa-Calpe, 1973.

Zacarías Puente recoge la receta tradicional de los pueblos de Duña, Toporias y Bustablao, que prepara la Cofradía de San Roque:

Poner los garbanzos a remojar 24 horas antes, llenar de agua las ollas y poner a hervir, cuando esto ocurra agregar los garbanzos y hervir durante 15 minutos, agregar la carne a la olla y hervir 5 horas, añadir las patatas cortadas en triscado y las chirivías y hervir lentamente dos horas, agregar el azafrán y sazonar, hirviendo lentamente 30 minutos dejándolo reposar siempre sobre las atenuadas a secas hasta llevarlo a la rueda. El cocido no se revuelve nunca, durante la cocción solamente se utiliza la cuchara de madera para probar de sal. Recipientes usados: 3 ollas de 45 litros c/u. 16 ollas de 20 litros c/u. En 1984 comieron de este cocido 1.500 personas.

Zacarías Puente: *La cocina de Cantabria*,
Fuenterrabía: Imprenta Ondarribi, 1984.

El recetario *Cantabria gastronómica* propone una receta donde la chirivía es uno de los ingredientes principales, aspecto que evidencia el cultivo y consumo de esta raíz:

Garbanzos con chirivías: Ingredientes. 500 gr. de garbanzos, 200 gr de chirivías, 1 trozo de costilla de cerdo, 1 morcilla de año, 50 gr de fideos y sal. Elaboración: Después de haber tenido los garbanzos a remojo, ponemos una olla llena de agua al fuego. Cuando este hirviendo, se añaden los garbanzos, las carnes y las chirivías. Lo dejamos cociendo dos horas, después se retira el caldo y se hace una sopa, los garbanzos se comen secos con las carnes y las chirivías.

Esteban, José Antonio: *Cantabria gastronómica*,
Cantabria: Imgraft, 2002.

Valoración local. Duña es una pequeña localidad del municipio de Cabezón de la Sal, que se encuentra a 220 metros de altitud sobre el nivel del mar. Esta localidad, junto a Bustablao y Toporias, celebra el Día de San Roque, fiesta tradicional conocida con el nombre de «La Rueda». Ese día (16 de agosto), después de la misa en honor al santo, se reparte en la explanada donde se encuentra la ermita un plato de cocido, donde uno de los ingredientes que lo conforman es la chirivía, junto a la carne de vaca y los garbanzos. María Luisa y Marisol, madre e hija, respectivamente, mantienen el cultivo de la chirivía, heredado de su familia. Me transmiten que una vez dejaron de hacer la fiesta y el guiso de San Roque y empezaron a morir animales. Los habitantes de las localidades que iban en romería a San Roque dijeron entonces que había que retomar la fiesta. Actualmente, es una celebración que cuenta con un gran arraigo.

2. Origen

Localidad: Duña.
Comarca: Saja-Nansa.
Provincia: Cantabria.
Nombre donante: María Luisa Gutiérrez Vallines.
Evaluador: Ismael Ferrer Pérez.
Nombre hortelano/a: Marisol García Gutiérrez.

María Luisa Gutiérrez Vallines y Marisol García Gutiérrez.

3. Características morfológicas y agronómicas

Color, tamaño, peso y forma: La chirivía es de color blanco; el tamaño puede variar según el espesor de la siembra. El peso ronda los 50 a 100 g cada ejemplar, y la forma es cónica y alargada.

Fecha de siembra, cosecha y labores de campo: Sembrar directamente en una era o paño los meses de febrero, marzo y abril. Se comienza a recolectar para la fiesta de San Roque y se alarga hasta la entrada del invierno. Pase de cultivador, dejar la tierra fina y preparar la era antes de la siembra. Una vez nace se

59

debe proteger de los animales para que no se coman la parte aérea. A la planta le gusta mucho el agua durante todo el ciclo para desarrollarse bien

Observaciones y curiosidades: Años atrás era un cultivo habitual que siempre estaba presente en las huertas. Es una plata rústica; la curiosidad es la necesidad de agua que necesita para desarrollar el ciclo la planta.

Conservación: La raíz se conserva bien en cámara frigorífica durante una semana.

4. Aspectos culinarios

Partes comestibles: La raíz para consumir, y la parte verde se da a las gallinas u otras aves.

Cualidades organolépticas: Es ligeramente dulce. La raíz resulta de textura crujiente y sabor agradable e inédito.

Valoración gastronómica: Es un alimento culturalmente muy conocido y utilizado para preparar sopas y acompañar guisos y potajes de carne o legumbres. Complementa bien con la carne y las alubias o garbanzos. Es un buen elemento de ligazón y hace que las cremas o purés tengan una consistencia cremosa muy agradable.

Recetas tradicionales: Cocido de San Roque, guiso de garbanzos y cocido de vaca San Roquera. También se utilizaba en cocina para elaborar sopas o hervida con patatas.

5. Datos culturales de la variedad

El alimento está identificado con el territorio: Sí.

El alimento es reconocido por la cultura gastronómica local: Sí.

El alimento está presente en el recetario tradicional cántabro: Sí.

El alimento está relacionado con alguna fiesta pagana y/o religiosa local: Sí. Es ingrediente principal en la elaboración del guiso tradicional de la Rueda de San Roque, en la campa de la fiesta de San Roque.

El alimento se cultiva en la actualidad: Sí.

El alimento se comercializa en la actualidad: No.

Hortelanos/as: Unas pocas familias cultivan esta raíz en Duña.

Chirivía de Duña.

6. Valoración global

Comercialización: No hay comercialización.

Situación actual: La chirivía es ingrediente fundamental de la tradición local y de la fiesta de la Rueda de San Roque, donde participan las localidades de Toparías, Bustablao y Duña. Los tres pueblos comparten la ermita, y en la campa ofrecen cada 16 de agosto el cocido de garbanzos con chirivías. Actualmente, el cultivo de chirivías es testimonial, y no aparece entre los ingredientes del guiso que se ofrece en la Rueda de San Roque. Tiempo atrás se vendían en ramos o manojos, aunque en la actualidad el cultivo es para autoconsumo.

Singularidades y potencial del alimento: Estamos ante una raíz que dentro de la cocina es un buen complemento para combinar con otros ingredientes. Es un cultivo fácil; requiere pocos cuidados, por lo que su potencial es alto. Además de enriquecer la despensa, permite crear nuevas elaboraciones o mantener algunas tradicionales que actualmente están en grave retroceso. La chirivía es parte de la historia hortícola de Cantabria, y por responsabilidad se debería promocionar el cultivo y su consumo, y devolver su presencia al plato tradicional que se elabora en la Rueda de San Roque.

Coliflor

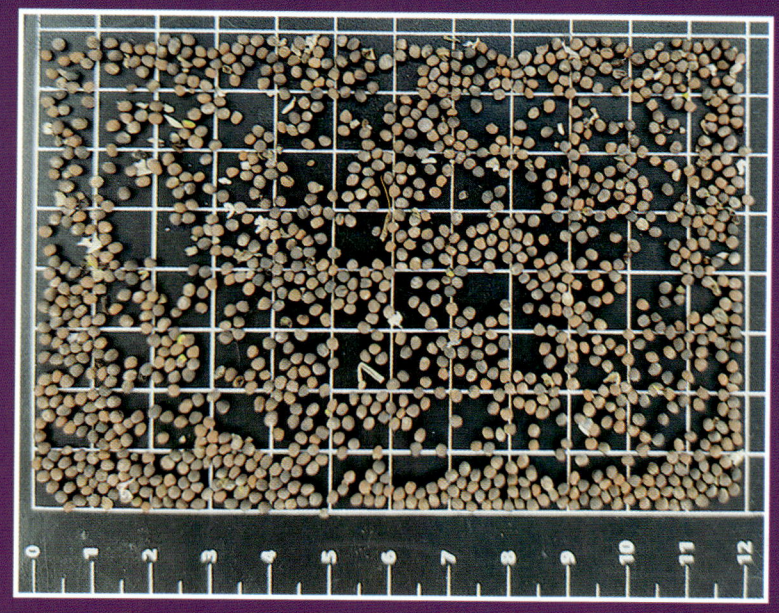

Semilla de berza amarilla rizada de Bielva.

Ficha n.º 7

Berza amarilla rizada de Bielva

1. Variedad tradicional

Nombres locales: Berza amarilla rizada.
Familia: Brassicaceae.
Género: *Brassica.*
Especie: *B. oleracea.*

Citas bibliográficas: Pereda recoge e identifica con exactitud lo que significa el alimento. En este párrafo cita varios alimentos y nombra una especie de berza:

> Y nada de pan blanco para las comidas: boronas como ruedas de molino. Para el ollón del mediodía, las berzas de posarmo, las alubias con gorgojo, el tocino averiado... ¡y agua que te crió! La parva, de una bebida alcohólica, cuyos componentes, tan baratos como corrosivos,

fueron siempre un secreto suyo, y un zoquete de pan duro y mohoso por persona.

José María de Pereda: *La puchera*, Santander: Tantín
y Anthony H. Clarke, 2001.

Esta compilación de recetas cántabras atestigua, antes de la llegada de la globalización culinaria, una idea muy aproximada de la relación entre platos y alimentos. Señalo estas dos recetas con berza o repollo que aparecen en ella: repollo con lacón y repollo con patatas. Reproduzco la primera, repollo con lacón:

Ingredientes: 1 lacón salado (la cantidad depende de los comensales) 3 repollos rizados. Elaboración: El lacón se pone en agua fría la noche anterior, así pierde sal y se queda más suave. También se puede poner sin remojar, pues de esta manera el repollo queda mucho más sabroso. Se lava el repollo hoja por hoja y se pica menudo —aunque no mucho— En un puchero proporcionado se coloca parte del repollo, encima el lacón entero, desalado o no; se añade el resto del repollo y se cubre de agua fría; cuando rompe el hervor se tapa y se deja cocer lentamente hasta que el lacón esté tierno. Si no puede ponerse el repollo de una vez, se cuece aparte lo que queda y, a medida que se vaya reduciendo, se agrega. No debe quedar caldoso. Se sirve en una fuente con los trozos de lacón por encima del repollo.

La cocina tradicional de Cantabria, Oviedo:
Asturlibros, 1981.

Este artículo del sur de Cantabria señala algunos de los ingredientes principales décadas atrás. donde aparece la berza:

En Campoo, el alimento básico lo ha constituido el cocido, con su elemental preparación y la limitación de sus ingredientes, digo en lo que respecta a la variedad, no a la calidad; garbanzos, patata, berza y alguna verdura más, respaldada por la carne de la matanza, junto con el tocino y alguna porción de vacuno casero. El cocido ha sido tremendamente calumniado desde su doble aspecto económico-nutritivo, y también ha sido despreciado por ordinario y plebeyo; sin embargo, sigue contando con muchos aspectos en todas las latitudes. Solamente los domingos y no en todas las casas, descansa el cocido, siendo sustituido por otros platos con dudosos resultados positivos.

Revista *Cuadernos de Campoo*. Número 23, marzo 2001.

El recetario *Cantabria gastronómica* deja algunas recetas donde la berza es ingrediente principal:

Arroz con berza; Ingredientes: ½ kg de berza, 200 gr de arroz, 3 chorizos, 3 morcillas de año, 150 gr. de tocino salado, 150 gr. de papada salada, 1 oreja y un rabo, 4 dientes de ajo, aceite de oliva, pimentón y sal. Elaboración: Picamos la berza y se pone a cocer en agua hirviendo, cuando comience a hervir se le retira el agua y se pone a cocer en otra agua. Aparte se cuecen las carnes, se reservan y se guarda el caldo de la cocción. Se pone a cocer el arroz con parte del agua de la cocción de la berza y parte del caldo de cocer la carne, unos veinte minutos. Escurrimos la berza, picamos la carne en trozos y lo echamos todo en la cazuela del arroz, dejándolo cocer. Preparamos un refrito de aceite de oliva, ajo y pimentón que se añade al arroz, rectificamos de sal y lo servimos.

Esteban, José Antonio: *Cantabria gastronómica,*
Cantabria: Imgraft, 2002.

Valoración local: Bielva es una población que hace de cabeza de municipio de Herrerías, encontrándose a 188 metros de altitud. La base de la economía en esta localidad ha sido tradicionalmente la ganadería, aunque la huerta jugó también un papel capital a la hora de satisfacer las necesidades de la familia. Bielva ha tenido grandes hortelanas y se han localizado semillas de gran interés. Las amas de casa sabían de la sutileza de esta berza y de su aportación a la cocina tradicional. Las mujeres que han cocinado a diario valoran el sabor inédito y la aportación a los platos de la berza amarilla rizada frente a las variedades comerciales actuales. Mariángeles Vázquez hereda de sus padres esta variedad local de berza que lleva más de un siglo en la familia.

2. Origen

Localidad: Bielva.
Comarca: Saja-Nansa.
Provincia: Cantabria.
Nombre donante: Jesusa Bustamante Gerejeta.
Evaluador: Ismael Ferrer Pérez
Nombre hortelano/a: Mariángeles Vázquez Bustamante.

Mariángeles Vázquez Bustamante.

3. Características morfológicas y agronómicas

Color, tamaño, peso y forma: La hoja presenta color amarillo, tamaño medio y forma rizada.

Fecha de siembra, cosecha y labores de campo: El semillero se hace en la mengua de agosto y se trasplanta en septiembre. Para la festividad de Todos los Santos ya se empieza a repelar las hojas y se acaba la campaña a finales de febrero o principios de marzo. En la huerta se hace un pase de cultivador para dejar la tierra dispuesta y preparar los surcos para el momento del trasplante. Hacer un desherbado con azada y riego si no acompañan la lluvia.

Observaciones y curiosidades: Esta variedad de berza ofrece hojas más tiernas y gustosas, y menos beta blanca.

Conservación: Las hojas en manojos se guardan en cámara durante una semana.

4. Aspectos culinarios

Partes comestibles: Solo se comen las hojas más tiernas.

Cualidades organolépticas: La hoja es muy tierna y sabrosa.

Valoración gastronómica: Esta variedad de berza es la variedad tradicional que se consumía con la alubia.

Recetas tradicionales: Cocido montañés, garbanzos con berza, pastel de berza, puchero de matanza con berza, arroz con berza y arroz con berza del Valle de Toranzo.

5. Datos culturales de la variedad

El alimento está identificado con el territorio: Sí.

El alimento es reconocido por la cultura gastronómica local: Sí.

El alimento está presente en el recetario tradicional cántabro: Sí.

El alimento está relacionado con alguna fiesta pagana y/o religiosa local: Sí. En San Antón en Abanillas se hacía un cocido con berza para todo el pueblo.

El alimento se cultiva en la actualidad: Sí.

El alimento se comercializa en la actualidad: No.

Hortelanos/as: Se cuentan con los dedos de una mano y sobran dedos.

6. Valoración global

Comercialización: No hay comercialización.

Situación actual: La berza rizada es una singularidad muy arraigada en las huertas de la parte occidental de Cantabria, pero, tristemente, en el siglo XXI son muy pocos los habitantes que conservan el cultivo. Se mantiene la variedad para autoconsumo, concentrándose en unas pocas casas y algunas localidades. Mariángeles es una guardiana que sigue manteniendo de sus padres y abuelos toda la sabiduría hortícola heredada.

Curiosamente, hay un plato que no se entiende si no se acompaña con la berza: el cocido montañés. Pero, tristemente, hoy se acompaña con otras berzas que para nada tienen que ver con la delicadeza de la berza amarilla rizada. Varios viveros comercializan plantero de una especie similar en la región cántabra.

Singularidades y potencial del alimento: La berza era compañero habitual en el cocido cántabro a base de la alubia blanca. La berza no se come sola, acompaña a otros ingredientes.

Berza amarilla rizada de Bielva.

Actualmente, hay otras variedades comerciales que están desplazando la tradicional berza amarilla rizada. Desde el punto de vista de la diversidad hortícola, hay que lamentar este cambio de hábito cultural y gastronómico. Tanto el sabor como la sinergia, así como el comportamiento en el plato con otros alimentos locales, la dotan de personalidad propia, a la vez que conforma una singularidad arraigada que está en vías de desaparecer. Potenciar la cocina con nombre y apellidos es una llave para promocionar y mantener esta variedad tradicional y fomentar la biodiversidad como parte de la cultura inclusiva y sostenible.

Semilla de berza amarilla de Hortigal.

Ficha n.º 8

Berza amarilla de Hortigal

1. Variedad tradicional

Nombres locales. Berza amarilla.
Familia. Brassicaceae.
Género. *Brassica.*
Especie. *B. oleracea.*

Citas bibliográficas. Javier López señala el cultivo de la berza en la huerta y su presencia en la cultura culinaria de Cantabria:

> En realidad, la producción y conservación de alimentos por y para el grupo humano mismo, y su ganado, constituye, en esta comunidad, el centro de la más antigua y persistente obsesión cotidiana. La dedicación al trigo priva sobre cualquier otra. Luego están la patata, la borona (maíz «de comer») cultivada en asociación con la alubia blanca; pinta, el garbanzo, la len-

71

teja, legumbre (muelas) y las habas. Los pequeños huertos al lado de casa proporcionaban, en general berza y fruta (manzana, pera, sobre todo, y poca cereza). Los castaños y nogales siempre son propiedad particular y lo normal es que estuvieran en las inmediaciones del pueblo, bordeando el camino o el prao.

Javier López Linage: *Antropología de la ferocidad cotidiana:*
supervivencia y trabajo en una comunidad cántabra, Madrid:
Servicio de publicaciones agrarias, 1978.

La cocina de Cantabria en sus raíces pejinas recoge esta curiosa receta de berza:

Pastel de berza. Ingredientes para 8-10 personas: Berza 1,5 kg, carne de cerdo picada 200 gr, Queso de nata en lonchas 250 gr, sal, pimenta blanca, 6 huevos, una cucharada de aceite. Elaboración: Lavar y cortar la berza. Poner a hervir en abundante agua y un poco de sal. Durante 20 minutos. Batir los huevos y mezclar con la berza. Sazonar con la pimienta. Pasar el picado de cerdo por la sartén con el aceite hasta que este hecho. Poner en el molde, previamente untado de mantequilla y pan rallado, una capa de berza, encima otra capa de picado, y sobre esta otra de lonchas de queso, y así hasta terminar de rellenar el molde. Poner en el horno al baño maría. Se sirve caliente con una salsa de puerros. Adornar con zanahoria cocida y cortada en juliana.

Zacarías Puente e Inés Villanueva: *La cocina de Cantabria*,
2ª. ed., Fuenterrabía: Imprenta Ondarribi, 1985.

De la berza nos deja José Antonio Esteban tres recetas donde es ingrediente principal: cocido montañés, pastel de berza y arroz con berza. Además de este texto:

Representante del guiso típico por excelencia: el cocido montañés, al que suaviza y enriquece («vena blanca»). El cocido montañés representa como ningún otro plato el carácter recio de nuestras gentes. Se trata de una preparación culinaria repleta de ingredientes sobrios, pero que, combinados entre sí, consigue un grado sublime en la escala gastronómica. Es pecado visitar Cantabria, y no probarlo. Utiliza como principal ingrediente la alubia y la berza, adornados con carne de cerdo y morcilla de arroz (el lebaniego, por otra parte, utiliza garbanzo). El componente vegetal puede tomarse como primer plato y los acompañantes como segundo; pues un cocido montañés es mucho plato como para precisar algo más que el postre. Por cierto, si se deja reposar de un día para otro, resulta doblemente delicioso, al concentrase el sabor de los ingredientes. Ni que decir tiene que en Cabuérniga se preparan soberbios pucheros de cocido montañés.

Esteban, José Antonio: *Cantabria gastronómica,*
Cantabria: Imgraft, 2002.

Valoración local: Hortigal es una localidad del municipio de San Vicente de la Barquera, situada a 75 metros de altitud y a 5 km al sur de San Vicente de la Barquera. En las huertas de la parte occidental de Cantabria es donde la presencia de la berza amarilla toma mayor protagonismo y presencia en las mesas. En la actualidad, el cultivo es testimonial y muy pocas personas mantienen esta variedad de hoja lisa en activo. La semilla de Hortigal, me hace saber Federico Rodríguez, procede de Quintanilla de Lamasón. Su abuela ya la cultivaba, y esa misma semilla es la que heredó y la ha conservado hasta bien entrado el siglo XXI.

2. Origen

Localidad: Hortigal.
Comarca: Costa occidental.
Provincia: Cantabria.
Nombre donante: María Collado Prada.
Evaluador: Ismael Ferrer Pérez.
Nombre y foto del productor: Federico Rodríguez Sánchez.

3. Características morfológicas y agronómicas

Color, tamaño, peso y forma: Hoja de color amarillo; tamaño grande y forma lisa.
Fecha de siembra, cosecha y labores de campo: El semillero se rea-

Federico Rodríguez Sánchez.

liza a final del invierno o primeros días de la primavera, y en mayo se trasplanta al campo, aunque el tiempo puede retrasar esta labor. La recolección de las hojas comienza en noviembre y dura hasta marzo. A la tierra se le da un pase de cultivador y luego se preparan los surcos para el trasplante. Se debe realizar un desherbado con la azada y a la vez aporcar tierra al tallo.

Observaciones y curiosidades: Las hojas se recolectan todo el invierno hasta que la planta se sube a flor en abril y mayo. Es una variedad que se repela. Tiempo atrás, en todos los huertos había uno o varios rincones donde se ponían unas berzas para ir repelando. Las hojas más duras se daban a los animales de corral y las más tiernas se destinaban para consumo humano. Los pavos las comen muy bien; los conejos prefieren la berza a la alfalfa y las gallinas prefieren la berza al repollo.

Conservación: Las hojas se guardan en manojos en cámara frigorífica durante una semana.

4. Aspectos culinarios

Partes aprovechables: Se comen las hojas tiernas. Se van repelando desde octubre hasta que empiezan a espigarse en marzo-abril, que es cuando empiezan a sacar flores.

Cualidades organolépticas: Es sabrosa y tierna, siendo la hoja más fina que la berza híbrida actual.

Valoración gastronómica: Sabor extraordinario, y ese es el motivo por el que algunas personas han salvaguardado esta variedad.

Recetas tradicionales: Cocido montañés, garbanzos con berza, pastel de berza, puchero de matanza con berza, arroz con berza y arroz con berza del valle de Toranzo.

5. Datos culturales de la variedad

El alimento está identificado con el territorio: Sí.

El alimento es reconocido por la cultura gastronómica local: Sí.

El alimento está presente en el recetario tradicional cántabro: Sí.

El alimento está relacionado con alguna fiesta pagana y/o religiosa local: Sí. En San Antón, en Abanillas, se hacía un cocido con berza para todo el pueblo.

El alimento se cultiva en la actualidad: Sí.
El alimento se comercializa en la actualidad: No.
Hortelanos/as: Tres o cuatro hortelanos.

6. Valoración global

Comercialización: No hay comercialización.

Situación actual: La berza amarilla de hoja lisa sufre una erosión que hace que actualmente su cultivo sea minoritario y esté en peligro de extinción, aunque históricamente fue un bocado esencial para acompañar el cocido montañés y elaborar otros platos. Federico mantiene el entusiasmo heredado de sus padres y abuelos por la huerta, y esa llama es la que ha hecho que esta variedad todavía esté hoy con nosotros. El cultivo es testimonial y el objetivo es claro: mantener la variedad y disfrutar en la mesa con la familia.

Berza amarilla de Hortigal.

Singularidades y potencial del alimento: Conversando con los guardianes de la huerta cántabra, me constatan que la berza amarilla es más rica, sabrosa y especial que la berza que se ha popularizado en los últimos años, y a pesar de ello parece curioso cómo ha ido decreciendo el cultivo y uso en cocina de esta variedad tradicional. La variedad comercial «asa de cántaro» ha desplazado la tradicional berza amarilla. Desde el punto de vista de la diversidad hortícola, hay que lamentar este cambio de hábito cultural y gastronómico. Tanto el sabor como la sinergia y el comportamiento en el plato con otros alimentos locales, la dotan de personalidad propia, a la vez que conforma una singularidad arraigada que está en vías de desaparecer. Potenciar la cocina con nombre y apellidos es una llave para promocionar y mantener esta variedad tradicional.

Nabo

Semilla de respigo de Colindres.

Ficha n.º 9

Respigo de Colindres

1. Variedad tradicional

Nombres locales: Respigo, espigo.
Familia: Brassicaceae.
Género: *Brassica.*
Especie: *B. rapa.*

Citas bibliográficas: Saiz Viadero nos alumbra con esta información acerca de los respigos:

> Es en Laredo donde Pilar, de «Casa la Peña», ofrece este plato de respigos rehogados, nombre por el cual se conoce aquí a la espiga o columna vertebral del nabo: primero se lava bien, eliminado el verdín, mientras al fuego se coloca un recipiente conteniendo agua; cuando ésta rompe a hervir se introducen los respigos acompañados de sal y una cucharadita de bicarbonato. A con-

tinuación, se retiran del fuego y se procede a exprimirles apurando el agua para eliminar el amargor propio. En una paella se fríen ajos, panceta troceada, chorizo casero poco picante, para añadir —si queremos—-anchoas frescas, todo ello con aceite de oliva. Finalmente se remueven bien, rehogándolo.

José Ramón Saiz Viadero. *Comer en Cantabria*,
Madrid: Ediciones Penthalon, 1981.

Zacarías Puente presenta las dos fórmulas tradicionales por excelencia de tomar los respigos: respigos a la marinera y respigos. Describo la última:

Ingredientes para seis personas: 3 manojos de respigos, sal, 350 gr de tocino ahumado 1 pimiento choricero, 4 cucharadas de aceite de oliva, 4 dientes de ajos fileteados, 3 chorizos. Preparación: 15 minutos. Cocción: 20 minutos. Lavar los respigos y quitar las hojas duras. Cocer en abundante agua con sal, durante 20 minutos. Una vez cocidos los echamos en un escurre verduras y los ponemos a refrescar debajo del grifo de agua fría. Una vez fríos los escurrimos con la mano todo lo posible. Ponemos el aceite en una sartén y ponemos a freír el tocino cortado en trozos delgados hasta que se *turrusquen*. Una vez frito se sacan y se guardan. Entonces en ese aceite freímos los ajos fileteados, el pimiento choricero en trozos y el chorizo, también cortado en rodajas y una vez frito se guarda con los torreznos. En ese aceite que ha quedado de freír todo, ponemos a rehogar los respigos, añadiendo sal, si están sosos. Después de 5 minutos se sacan y se ponen en una fuente, se decora con los torreznos, chorizo, ajos y pimiento choricero.

Zacarías Puente: *La cocina de Cantabria*,
Fuenterrabía: Imprenta Ondarribi, 1984.

La publicación de cocinas regionales recoge en la edición de Cantabria una receta de respigos junto a ingredientes tradicionales de la región. Respigos:

Ingredientes para 4 personas: 3 manojos de respigos (tallos del nabo), 300 g de tocino entreverado, 2 chorizos, 2 pimientos choriceros, 4 dientes de ajo, 6 anchoas, 1 taza de aceite de oliva. Elaboración: Se limpian bien los respigos y se ponen a cocer durante unos 15 minutos. Se retiran, se pasan por agua fría o agua con hielo y se escurren. Se aprietan para que queden bien secos. Se corta el tocino en dados y, en una sartén con un poco de aceite, se fríe hasta que esté bien dorado. Se retira con la espumadera y se reserva. En el aceite del tocino se fríen los ajos cortados en láminas, el pimiento troceado y los chorizos en rodajas. Cuando esté bien sofrito todo, se retira con la espumadera y se reserva, y en este mismo aceite enriquecido se rehogan los manojos de respigos. Se colocan en el plato de servir y se cubren con el tocino, el chorizo, los ajos y el pimiento. Se decora con las anchoas.

Nuestra Cocina-Cantabria. Cantabria;
Ciro ediciones, S. A., 2004.

La Cofradía de El Zapico señala esta receta donde los respigos son los protagonistas:

El respigo es el brote tierno del nabo (en Galicia se conoce con el nombre de grelo). Es una verdura típica de la costa laredana y se cosechan al final del invierno. Respigos a la marinera. Ingredientes: 2 manojos de respigos, 100 gr de tocino adobado, 1 pimiento choricero seco, 1 diente de ajo, 12 filetes de anchoas, 8 cucharadas de aceite. Elaboración: Limpiar los respigos de hojas duras y quitar los hilos. Cocer en abundante agua con sal, hasta que estén tiernos. Escurrir y, una vez fríos, colocar en una cazuela de barro. En una sartén, freír lentamente el tocino picado en cuadritos hasta que queden completamente churrascados y verter sobre los respigos. En una sartén, dorar los ajos machacados y el pimiento cortado en tiras. Verter de nuevo sobre los respigos moviendo con una cuchara para que penetre el sabor. Servir en una cazuela o platillo los respigos templados, con los filetes de anchoa sobre ellos, formando un conjunto.

Recetario Zapico de la cocina de Cantabria,
6.ª Entrega, Cantabria: Gobierno de Cantabria, 2010.

El respigo es una institución en el este de Cantabria. La Cofradía El Respigo de Laredo nos ofrece, de la mano de Dionisia San Martín, probablemente la receta tradicional que más adeptos tiene: respigos de Tarrueza:

Ingredientes para 10 personas: 4 manadas de respigos, cada manada tiene unas 20 hojas (los respigos son las 2ª hojas del nabo), 250 grs. de panceta, 250 grs. de chorizo, 10 dientes de ajo, 10 huevos. Elaboración: Se limpian las hojas de suciedad y se eliminan las partes blancas y duras, se cortan en trozos grandes y se cuecen en agua hirviendo con un poco de sal durante unos 15 minutos, se escurren y estrujan para eliminar toda el agua posible. En una sartén se doran los ajos, finamente cortados, se añade primero la panceta y después el chorizo, cortados en lonchas de 1 cm y en forma de daditos, se da unas vueltas y se vierte sobre los respigos, se mezcla el conjunto y se sirve acompañado a un huevo frito.

VV. AA. *Nuestras recetas. Sabores de Cantabria*,
Cantabria: Librería Estvdio, 2014.

Valoración local: Colindres es un municipio situado en la parte oriental de la región cántabra, a orillas del rio Asón, en la misma desembocadura. José Luis Frías es natural de Cerecera de Resines y lleva viviendo en Colindres de Arriba 45 años, tantos años como lleva cultivando el nabo que trajo de su localidad natal. Recuerda cómo algo más de medio siglo atrás las pejinas (mujeres de Laredo y otras villas de la costa cántabra) subían andando hasta Resines a cambiar pescado por harina de maíz y respigos, entre otras cosas. En Colindres, un siglo atrás, todo el terreno estaba cubierto de limoneros y naranjos que se cogían y llevaban al puerto a vender. Motivo por el que no había cultivo de respigos y tampoco había pastos para el ganado. Estamos frente a un nabo forrajero, y aunque se cultivó en buena parte de localidades de la región cántabra, el consumo humano se desarrolló en unas pocas localidades. Se sembraba una vez se quitaba el maíz. El nabo cumplía varias funciones: limpiar la tierra, no dejar salir hierba y servir de alimento. El nabo troceado con algún tallo, para que no se ahogaran, se daba a las vacas. En ocasiones, el nabo se ponía en el puchero. Curiosamente, en algunas localidades de Cantabria se ha comido, no el nabo, sino lo que conocemos como espigo o respigo; nos referimos a las hojas del centro de los nabos, así como su tallo, eso es lo que más interés despierta, y una vez capado el nabo, los tallos que vuelven a brotar todavía son mejores.

2. Origen

Localidad: Colindres.
Comarca: Costa oriental.
Provincia: Cantabria.
Nombre donante: José Luis Frías Santisteban.
Evaluador: Ismael Ferrer Pérez.
Nombre hortelano/a: José Luis Frías Santisteban.

3. Características morfológicas y agronómicas

José Luis Frías Santiesteban.

Color, tamaño, peso y forma: El nabo presenta una piel de color blanca en la parte subterránea y de color morada en el copete de la superficie; tamaño medio y grande con forma ovoide. El nabo es dulce y se emplea para caldos y en el cocido ocasionalmente, y para dar a las vacas habitualmente. El respigo es el tallo o parte aérea del nabo, es de color verde y el tamaño de los brotes oscila entre los 40-50 cm de largo.

Fecha de siembra, cosecha y labores de campo: El nabo se siembra en septiembre, días arriba días abajo, en torno a la Fiesta de la Bien Aparecida de Ampuero. Se sembraban en tierras en las que se había retirado el maíz. La parcela debe estar limpia de hierba, extender algo de estiércol de caballo y sembrar (hay que tener cuidado con los caracoles que se comen el tallo del nabo cuando nacen). Luego el clima lo hace todo. El respigo se recolecta de diciembre a marzo. Los primeros se cosechan a primeros de diciembre, la segunda tanda en febrero y se alarga hasta finales de marzo. Se recolectan entre 2 y 3 respigos por planta en función del vigor de esta y las condiciones ambientales de ese año.

Observaciones y curiosidades: Lo que despierta el interés culinario en una pequeña zona de Cantabria son los tallos tiernos de color verde. Es reseñable la rusticidad y facilidad en sacar adelante este cultivo. El aspecto económico es un detalle para considerar por ser un producto accesible a cualquier estrato social. Una de las claves para que salgan buenos respigos es el corte que se hace con el cuchillo al tallo central en la primera cogida; este será en diagonal, nunca recto. De esta forma se evita que el agua se pueda quedar en el tronco y el nabo se estropee, a la vez que en el propio corte saldrán varios respigos que, si el tiempo acompaña, en dos o tres semanas se podrán cosechar de nuevo. Me asegura Luis que la segunda remesa de respigos gusta más. Cuando termina el invierno y comienza la primavera el respigo dice hasta el año próximo, el calor endurece el tallo y tanto el olor de las hojas como el sabor es más fuerte. La magia está en saber elegir los brotes más tiernos durante la campaña para disfrutar a lo grande de esta singularidad local. En la parcela donde están los nabos, siempre se dejarán una docena de plantas sin tocar para que hagan el ciclo completo y permitir que se espiguen, salga la flor de color amarillo y en el mes de julio se pueda recoger la semilla para sembrar en septiembre. Hoy en las casas que mantienen el cultivo y conservan la tradición, lavan los respigos, los cortan, cuecen y escurren para hacer luego unas bolas y meter en bolsas y congelar. Una manera de comer respigos fuera de temporada.

Conservación: El respigo fresco se guarda en cámara durante una semana.

4. Aspectos culinarios

Partes comestibles: De la planta se consume el tallo central y las hojas tiernas, lo que se llama «respigo». La capacidad de observación del ser humano convierte al respigo en un producto de gran interés popular por la sabiduría de los hombres que lo han cultivado durante generaciones. El respigo es fruto de una técnica donde se capa la guía central de la planta para que en los próximos días respigue y poder cortar el brote que salga de nuevo. El corte, como he escrito líneas atrás, se hará en diagonal para que el agua resbale sobre él; además, este corte facilita la salida de nuevos respigos o brotes.

Cualidades organolépticas: Su sabor es ligeramente amargo. Resulta muy interesante para combinar y comer con otros alimentos.

Valoración gastronómica: Es una verdura de la que se cocinan los tallos y las hojas tiernas del respigo. Una vez lavada, *triscar* los tallos con la mano o cortar con cuchillo. Poner a cocer en agua tibia con sal, y desde que comienzan a hervir, cocer alrededor de 30-40 minutos. Luego escurrir bien, hacer una especie de bolas y apretar con las manos para sacar el agua. La personalidad y versatilidad del respigo ofrece un gran abanico de posibilidades en la cocina.

Recetas tradicionales: En las zonas montañosas se comían con la matanza. Una receta clásica es freír un ajo, chorizo y panceta, incorporar el respigo, saltear todo junto y añadir huevo batido para terminar como un revuelto. En las localidades de playa, el plato con mayor tradición era acompañar a los respigos salteados con unos ajos, con trozos de arenque y las tradicionales tortas o *tortos* de maíz. Ahora se acompañan con anchoas. Respigos de Tarrueza, cocido de respigos y respigos a la marinera.

5. Datos culturales de la variedad

El alimento está identificado con el territorio: Sí.
El alimento es reconocido por la cultura gastronómica local: Sí.
El alimento está presente en el recetario tradicional cántabro: Sí.
El alimento está relacionado con alguna fiesta pagana y/o religiosa local: No.
El alimento se cultiva en la actualidad: Sí.
El alimento se comercializa en la actualidad: Sí.
Hortelanos/as: Medio centenar de jubilados para autoconsumo y la finca La mi Huertuca, en Hoz de Marrón.

6. Valoración global

Comercialización: Los respigos se venden en manadas (una manada es lo que abarca el brazo, 12-14 respigos de nabo). El cultivo es para autoconsumo y para celebrar la fiesta del Respigo. En las primeras décadas del siglo XXI el cultivo y consumo es testimonial, pero aún se puede encontrar esta verdura a la venta en el mercado de Laredo y alguna tienda de la ciudad. En la Panadería La Tahona de Colindres elaboran una exquisita empanada de respigos.

Situación actual: De no haber sido por la labor de la Cofradía del Respigo, que se fundó en el año 2001 en el Bar Mazantini de Laredo, probablemente hoy hablaríamos de otra singularidad del patrimonio alimentario cántabro desaparecida. La cofradía, aunque ha llegado a tener más de 30 socios, actualmente son una docena los que mantienen y divulgan la cultura del respigo. El acto más institucional es la Fiesta del Respigo de Laredo, que se celebra cada 8 de diciembre en el mercado de Laredo. Las poblaciones que hoy todavía mantienen esta tradición son muy pocas; en Liendo le llaman *espigo*; en Seña, con su tierra arcillosa, se dan mejor; Pesquera es también una tierra arenosa y el nabo no es igual. Ampuero, Tarrueza y la Junta Voto, compuesta por 13 localidades, son el conjunto de poblaciones que han sabido mantener la tradición de sembrar nabos para las vacas y respigar los tallos. Un dato para considerar que llegó a mis oídos mientras documentaba esta ficha, es el que me arroja mi compañero de profesión Ángel: su abuela siempre le dijo que el respigo fue cosa de poco tiempo y en un territorio muy concreto de Laredo y pueblos de alrededor. Parece ser que se debió a los pescadores de la costa de Lugo que venían a Laredo, y por cuestiones del temporal, cuando llegaba el invierno y no podían volver a casa, se quedaban en Laredo y fueron

Respigos de Colindres.

ellos los que mostraron cómo comer las nabizas o grelos, llamados «respigos» en Laredo. Según esta afirmación, en Laredo no había tradición de comer el tallo tierno o respigo. De esa experiencia forzada se quedó un hilo cultural que todavía se mantiene en esta comarca, y de hecho ha dado hasta para crear una cofradía.

Singularidades y potencial del alimento: Estamos ante una curiosidad gastronómica que conviene considerar y proteger. A este alimento no resulta fácil poder encontrarlo de forma generalizada. Está muy localizado en la región cántabra en las siguientes localidades: Ampuero, Colindres, Laredo, Liendo, Limpias, Resines, Santoña, Tarrueza y La junta Voto. Un ingrediente con un gran potencial por su función y versatilidad en el campo y en la cocina.

Semilla de nabo de patas de Naroba.

Ficha n.º 10

Nabo de patas de Naroba

1. Variedad tradicional

Nombres locales: Nabo de patas, nabo de casa, nabo.
Familia: Brassicaceae.
Género: *Brassica.*
Especie: *B. rapa.*

Citas bibliográficas: Pascual Madoz nos deja constancia del cultivo de nabos en estas localidades de Cantabria:

«Bárago, Bustablado —nabos de mucha nombrada—, Caldas, Cicera, Laredo, Matamorosa, Nestares, Rábago, Santander, Valle de Cabuérniga y Bielva».

Pascual Madoz: *Santander. Diccionario Geográfico-Estadístico-Histórico,*
Salamanca: Ámbito/Estvdio, 1995.

87

José Ramón Saiz Viadero nombra un tradicional plato:

«Potaje de nabos en ensalada».

José Ramón Saiz Viadero: *Comer en Cantabria*,
Madrid: Ediciones Penthalon, 1981.

María Gloria Corpas deja una receta:

«Olla Podrida donde los protagonistas son el garbanzo, las carnes y el nabo»

María Gloria Corpas: *Cocina cántabra*, Santander:
M. G. Corpas, 1980.

El recetario de Arenal de Penagos nos transmitió esto sobre los nabos: «Hoy en día las vacas son cuidadas por el pastor eléctrico, pero en aquellos tiempos eran cuidadas normalmente por niños y jóvenes que como se aburrían haciendo de perro guardián iban a las hazas en busca de nabos para luego saborearlos».

VV. AA.: *Recetas de cocina de Arenal de Penagos y su zona*,
Santander: Institución Cultural de Cantabria, 1987.

Valoración local: Naroba es una pequeña población que pertenece al municipio de Vega de Liébana, situado a 560 m de altitud a orillas del río Quiviesa, y a 4 km de Potes, al sur. Juan Carlos Martínez me asegura que los pueblos de mayor tradición en cultivar este nabo eran las localidades de Barrio y Yebas. La madre de Juan Carlos, de la localidad de Ledantes, en el valle de Vega de Liébana, ha cultivado esta variedad toda la vida. El nabo que traemos aquí es ligeramente amargo y se emplea para preparar exquisitos caldos y cocidos, aportando un sabor muy especial y característico, prueba de ello son las tradicionales sopas de pan con el caldo de los nabos.

Juan Carlos Martínez Rodríguez.

2. Origen

Localidad: Naroba.
Comarca: Liébana.
Provincia: Cantabria.

Nombre y foto donante: Teodora González Rodríguez.
Evaluador: Ismael Ferrer Pérez.
Nombre productor: Juan Carlos Martínez Rodríguez.

3. Características morfológicas y agronómicas

Color, tamaño, peso y forma: El nabo presenta una piel blanca, al igual que la carne. El tamaño varía según el marco de siembra; los nabos son medianos y con forma cónica.

Fecha de siembra, cosecha y labores de campo: El nabo se siembra en agosto, dicen los lugareños («el nabo tiene que ver agosto»). La recolección, desde finales de diciembre hasta marzo. En función de la altura y la orientación donde se siembran, el nabo aguanta más o menos. Pase de cultivador y fresa para dejar la tierra fina a entradas de invierno; se preparan caballones y la siembra es directa en el centro del surco, se cubre la semilla con un poco de tierra. Se realiza un desherbado para las malas hierbas.

Observaciones y curiosidades: La tierra que ha estado con patatas es donde se ponen los nabos. La curiosidad de esta variedad de nabo es que no se come en fresco, hay que dejarlo «laciar»; esto es, se debe dejar arrugar durante un par de semanas antes de utilizarlo en cocina.

Conservación: El nabo se guarda en un lugar seco sin tapar. Es preferible guardarlos con las raíces para que no pierdan humedad.

4. Aspectos culinarios

Partes comestibles: La raíz.

Cualidades organolépticas: El sabor es ligeramente amargo. Resulta muy interesante para elaborar caldos o para acompañar potajes.

Valoración gastronómica: Este nabo se pone en agua la noche anterior, se cambia el agua y se cuecen solos o con legumbres y/o carnes. El sabor que transmite y el caldo que se obtiene es delicioso.

Recetas tradicionales: El plato popular con este nabo es el «cocido de nabos». Se cuecen los nabos con rabo y hueso de cerdo, chorizo, morcilla, etc. Con el caldo resultante se escaldan unas sopas de pan que luego se gratinan en el horno y se comen de primer plato; luego se comen los nabos y por último la carne.

5. Datos culturales de la variedad

El alimento está identificado con el territorio: Sí.
El alimento es reconocido por la cultura gastronómica local: Sí.

Nabo de patas de Naroba.

El alimento está presente en el recetario tradicional cántabro: Sí.
El alimento está relacionado con alguna fiesta pagana y/o religiosa local: No.
El alimento se cultiva en la actualidad: Sí.
El alimento se comercializa en la actualidad: Sí.
Hortelanos/as. Juan Carlos Martínez.

6. Valoración global

Comercialización: Juan Carlos cultiva en su huerta de Naroba para autoconsumo y venta. Se presentan una vez *laciados*, desprovistos de las raíces y sin tierra. Se venden al peso.

Situación actual: Hoy, tanto el cultivo como el consumo es un hecho testimonial. Es de alabar que Juan Carlos siga salvaguardando este alimento como testimonio vivo de una variedad tradicional de nabo con características organolépticas y culinarias muy diferenciadas a otros nabos de la península ibérica.

Singularidades y potencial del alimento: Otra variedad de la huerta cántabra en riesgo de perderse. El potencial es inédito por su singular sabor; hablamos de sensaciones palatales y/o organolépticas llenas de historia y totalmente enraizadas en el territorio. Perder esta cultura es perder la esencia y evidencia de la relación del ser humano con el lugar donde se ha cultivado y consumido durante generaciones. Estamos a tiempo de revertir esta realidad.

Garbanzo

Semilla de garbanzo fino de Valmeo.

Ficha n.º 11

Garbanzo fino de Valmeo

1. Variedad tradicional

Nombres locales: Garbanzo pequeño o chico.
Familia: Fabaceae.
Género: *Cicer.*
Especie: *C. arietinum* L.

Citas bibliográficas: Pascual Madoz evidencia la presencia del garbanzo en Cantabria y señala las siguientes localidades donde se destaca el cultivo: Avellanedo, Armaño, Bárago, Bárcena de Ebro, Caldas, Enterrías, Lebeña, Luriezo y Potes.

Pascual Madoz: *Santander. Diccionario Geográfico-Estadístico-Histórico,* Salamanca: Ámbito/Estvdio, 1995.

93

El trabajo de esta obra de Eduardo García Llorente enumera los alimentos que formaban parte del paisaje y de las mesas en la comarca de Liébana. Las legumbres y las hortalizas eran moneda corriente en aquel tiempo:

No obstante ser así, recientemente aún, la tierra lebaniega suministraba, a las familias de la comarca, abundante trigo y garbanzos de la mejor calidad; cebada, guisantes, habas, lentejas y una nutrida serie de cereales y variadas legumbres, abundan por doquier. La patata por descontado se produce también pródigamente, y en las huertas, toda clase de verduras, hortalizas y tubérculos, ponen aún una nota de universalidad en el paisaje lebaniego.

Eduardo García Llorente: *Los Picos de Europa, Liébana y los lebaniegos,* Santander: Ayuntamiento de Camaleño, 1972.

Esta compilación de recetas cántabras atestigua antes de la llegada de la globalización culinaria una idea muy aproximada de la relación entre platos y alimentos. Recoge dos elaboraciones con garbanzos; en una de ellas indica que la procedencia de los garbanzos es de Liébana: Garbanzos guisados al estilo de Cantabria y Garbanzos pobres (*La cocina tradicional de Cantabria*, Oviedo: Asturlibros, 1981). José Ramón Saiz Viadero recoge esta cita:

A Potes la describe Pérez Galdós en un memorial escrito a raíz de un viaje por la zona Occidental de Cantabria en septiembre de 1879, en compañía del novelista José María de Pereda y de Andrés Crespo. «Sus olivares dan aceitunas como judías, y sus garbanzos, menudos como perdigones, son sabrosísimos sobre toda ponderación».

José Ramón Saiz Viadero. *Comer en Cantabria*, Madrid: Ediciones Penthalon, 1981.

María Gloria Corpas recoge en varios capítulos el uso del garbanzo. En el apartado de «Cocidos montañeses», destaca dos elaboraciones: olla podrida y ropa vieja. Dentro de las elaboraciones de Mataporquera, cita una donde el garbanzo es el ingrediente principal: cocido de garbanzos (olla ferroviaria con carbón de leña). En el capítulo dedicado al Valle de Liébana señala el cocido lebaniego y dice:

Se ponen a remojar en agua tibia, doce horas antes de ponerse a cocer, unas raciones de garbanzos; se cuecen por espacio de unas horas, con carne salada, longaniza, tocino y se añade un relleno de huevo, miaga de pan frito y perejil; después de bien cocido todo, se puede servir, añadiéndole repollo cocido, o bien tomar el repollo separado.

María Gloria Corpas: *Cocina cántabra*, Santander:
M. G. Corpas, 1980.

Las mujeres de Orejo señalan sobre los garbanzos lo siguiente:

Cuando coincidía en tiempo de Cuaresma con la Vigilia había una fonda que tenía fama por un plato de potaje de garbanzos con bacalao, cocinado especialmente para esos días de Vigilia y que contenía los siguientes ingredientes calculados para cinco personas; 500 g de garbanzos remojados, 200 gr de espinacas, 250 gr de bacalao remojado, 1 patata mediana, 1 cebolla, 2 dientes de ajo, aceite, sal, pimienta y pimentón. Modo de empleo: Cortar el bacalao a trocitos y ponerlo a cocer en una olla con agua junto con los garbanzos. Aparte la patata con los puerros y las espinacas, escurrir, picar y echar en la olla donde cuecen los garbanzos. Preparar un sofrito en aceite con los ajos y la cebolla picados, añadir el pimentón y echar en la olla, sazonar con sal y pimienta y dejar cocer hasta que los garbanzos estén en su punto y listos para servir. Indica otra elaboración con el uso de garbanzos, Potaje de garbanzos y bacalao.

VV. AA.: *Las tradiciones de la localidad cántabra
de Orejo narradas por sus mujeres*, Santander:
Institución Cultural de Cantabria, 1987.

Carmen González recoge sobre el garbanzo las siguientes citas:

La comida del día del destace es la fiesta principal del rito de la matanza. Según las zonas varía, pero generalmente es una de las comidas más tradicionales de Cantabria. Suele consistir en un cocido montañés (en Liébana de garbanzos y en otras zonas de alubia), y el compango del pique, tocino, morcilla o pastral, etc. y algún chorizo sacado de la manteca del año anterior.

La matanza del cerdo en Espinama (Liébana). Al mediodía, colgado el chon, se bebía vino y queso, se iba a cebar al ganado y después se comía hacía las 3 ó 3 y media. Esta comida se componía de un buen cocido de garbanzos de Liébana, con chorizo, cecina, y un trozo de la cinta del chon del día, y se hacía una sopa de fideos o de pan de casa riquísima, con cecina, cocido con berzas fritas y la carne del chorizo, tocino, etc.

La matanza del cerdo en Arenal de Penagos. Una de las fiestas más bonitas es la de la matanza del cerdo. Es un momento en que la familia y vecinos se reúnen con afán, de colaborar en los trabajos y divertirse. El banquete es un momento importante; para su preparación se prepara como plato principal las famosas alubias y tejadas. Más adelante las alubias fueron sustituidas por la sopa, garbanzos y tejadas. El postre generalmente solía ser arroz con leche. Para este día se preparaba la torta de borona, poniéndola a la mesa y utilizada para mojar en las salsas.

La matanza del chon en algunos pueblos de Liébana (Cabezón de Liébana y Vega de Liébana). Las labores de la matanza del chon, diríamos que comienzan la víspera de ser sacrificado, con la preparación, por parte de las mujeres de la casa, de las sopas de pan y el pique de las cebollas, para hacer las morcillas. Las tripas de intestino grueso se rellenan de mondongo que es: las sopas de pan, la sangre, bastante cebolla, algo de arroz y perejil, todo revuelto, y se le van metiendo trozos de grasa. Una vez hecho todo se pone a cocer. Primero las morcillas pequeñas, que suelen tardar una hora y que hay que tener cuidado de irlas sacando el aire (pinchándolas de vez en cuando con una aguja) para que no revienten. La «chanfaina» consiste en cocer garbanzos, cecina y chorizo, por una parte. Por otra parte, se cuece un trozo de hígado y otro de pulmón con ajo, perejil y cebolla.

Carmen González Echegaray: *La matanza o «matancio» del cerdo en Cantabria,* Bilbao: Caja Cantabria,1993.

En el monasterio de San Juan de Monte Calvario de Escalante, confeccionan un plato secular donde los garbanzos son protagonistas, y dice así:

Llevamos varias generaciones preparando este plato, que constituye comida completa. Puede confeccionarse en cualquier época del año. La temporada más conveniente, dentro de nuestra economía conventual, es aquella en las que las gallinas dejan de poner. Ingredientes: 1 gallina, 1 kg de garbanzos, 2 puerros, 1 cebolla, 1 ramita de perejil, 2 huevos, 3 cucharadas colmadas de harina, sal y aceite, leche la que pida. Guarniciones recomendadas: Para el garbanzo, verduras o salsa de tomate. Para la gallina: patatas fritas o lechuga. Elaboración: Se echan los garbanzos en una olla exprés, -previamente puestos a remojo de víspera- con agua abundante, junto con la gallina, los puerros, la cebolla y el perejil. Se sazonan y se hierven de 45 a 60 minutos. Con el caldo obtenido se puede confeccionar una sopa de cocido o tomarse como consomé. Los garbanzos se sirven acompañados de verdura o salsa de tomate. Para elaborar la pasta Orly se ponen en un bol, 3 cucharadas de harina, añadiendo un poco de sal y la leche, que se va vertiendo, poco a poco, para que no se formen grumos. Cuando la salsa está ligada como una mahonesa, se le agregan 2 yemas de huevo, y se deja reposar media hora. Transcurrido este tiempo se le incorporan las claras a punto de nieve. Se trocea la gallina. Los trozos resultantes se pasan por la pasta Orly y se fríen en abundante aceite. El plato se sirve acompañado de patatas fritas o ensalada de lechuga.

Javier de Sagastizábal: *Cocina Monacal. Secretos culinarios de las hermanas clarisas*, 4.ª ed., Bizkaia: ARDATZ, S. L. y S.P.A.M., S. A., 1996.

Destacable reseña la que subraya está revista de Campoo, donde el cocido y el garbanzo jugaron un papel relevante en la alimentación:

En Campoo, el alimento básico lo ha constituido el cocido, con su elemental preparación y la limitación de sus ingredientes, digo en lo que respecta a la variedad, no a la calidad; garbanzos, patata, berza y alguna verdura más, respaldada por la carne de la matanza, junto con el tocino y alguna porción de vacuno casero. El cocido ha sido tremendamente calumniado desde su doble aspecto económico-nutritivo, y también ha sido despreciado por ordinario y plebeyo; sin embargo, sigue contando con muchos aspectos en todas las latitudes. Solamente los domingos y no en todas las casas, descansa el cocido, siendo sustituido por otros paltos con dudosos resultados positivos.

Revista *Cuadernos de Campoo*. Número 23, marzo 2001.

El recetario *Cantabria gastronómica* propone dos recetas con garbanzos, cocido lebaniego del que nos apunta sobre el garbanzo:

He aquí un completo alimento, cuyos tallos, angulosos y ásperos, alcanzan unos 50 cm de altura y están ramificados desde la base. El fruto es esa apreciada legumbre esférica con prolongación puntiaguda y cónica. Su cultivo requiere preferentemente climas templados y secos. Su siembra viene a realizarse entre febrero y marzo, mientras que la época de recolección tiene lugar a partir de mayo, que es cuando empiezan a secarse las legumbres. El garbanzo es el alma del prestigioso cocido lebaniego, plato calórico y energético, ideal para entrar en calor en los severos inviernos, y acometer las duras tareas del campo en cualquier época del año. En Camaleño se viene a cultivar un tipo de garbanzo de extraordinaria calidad y sabor, pequeño, fino y sin piel, base del plato típico con el que nos deslumbran en los restaurantes y hogares lebaniegos.

Y la combinación de garbanzos y chirivías, dato significativo que revela el hábito y sinergia en este territorio de tomar los garbanzos con esta raíz:

> Garbanzos con chirivías: Ingredientes. 500 gr de garbanzos, 200 gr de chirivías, 1 trozo de costilla de cerdo, 1 morcilla de año, 50 gr de fideos y sal. Elaboración: Después de haber tenido los garbanzos a remojo, ponemos una olla llena de agua al fuego. Cuando este hirviendo, se añaden los garbanzos, las carnes y las chirivías. Lo dejamos cociendo dos horas, después se retira el caldo y se hace una sopa, los garbanzos se comen secos con las carnes y las chirivías.

Esteban, José Antonio: *Cantabria gastronómica,*
Cantabria: Imgraft, 2002.

Valoración local: El cultivo del garbanzo en Cantabria se ha dado en la comarca de Liébana y en los valles del sur en la comarca de Campoo-Los Valles. Tradicionalmente, la ribera del río Quiviesa y la ribera del río Deva en la comarca de Liébana es el territorio donde se ha mantenido hasta bien entrado el siglo XXI su cultivo. La localidad de Valmeo, situada a 344 m de altitud, es la más baja dentro del municipio de Vega de Liébana al que pertenece. La temperatura media anual en Potes, capital de la comarca, es de 10° C y la media de precipitaciones de 600 mm. En Valmeo se localiza la última familia que todavía cultiva garbanzos en Liébana, aunque hay que dejar muy claro que la semilla que se utiliza no corresponde a una semilla tradicional heredada, sino a una semilla que se parece al ecotipo de garbanzo sembrado desde tiempos inmemoriales en Cantabria. La semilla de la presente ficha se obtiene de una prospección hecha en el año 1979 por personal del INIA. En la comarca de Liébana se prospectaron dos entradas más en el año 1979 en las localidades de Camaleño y Mieses. Es destacable otra prospección en el año 1995 en las localidades de Lomeña, Dobres y Barrio, también pertenecientes a la comarca de Liébana. En una prospección reciente (años 2020 y 2021), y consultadas varias personas que han mantenido el cultivo hasta la actualidad, coinciden en que el cultivo del garbanzo en el siglo XXI es testimonial, y la semilla que se utiliza, aunque se mantiene la morfología de grano pequeño, es exógena. El garbanzo es muy apreciado en toda la comarca de Liébana, siendo el in-

Juan José Martínez Gómez y Carlos Martínez de Cos en el centro de la imagen.

grediente principal del plato más honorable de ella, el cocido lebaniego. Los garbanzos cultivados aquí destacan por su sabor; la tierra y la situación orográfica del territorio le aportan matices que ponen de relieve su singular interés gastronómico. En Liébana hubo un buen número de localidades donde se cultivó el garbanzo hasta los años 60, alternándose con el cereal. Si una familia tenía tierra apta para el cultivo de garbanzos, sembraban año y vez. El tipo de garbanzo corresponde a un tamaño pequeño (el gordo nunca se sembró); no había una variedad típica; para los agricultores la tierra es lo que da el valor a los garbanzos. Los campos de la ribera de los ríos Quiviesa y Deva son especiales para el cultivo, por lo que las localidades de Valmeo, Naroba y Potes tienen tierras nobles donde se dan garbanzos de excelente calidad.

2. Origen

Localidad: Valmeo.
Comarca: Liébana.
Provincia: Cantabria.
Nombre donante: Juan José Martínez Gómez.

Evaluador: Ismael Ferrer Pérez.
Nombre y foto productor: Carlos Martínez de Cos.

3. Características morfológicas, ciclo, manejo y comercialización del alimento

Color, tamaño, peso y forma: Garbanzo color *beige*; tamaño pequeño, forma redonda y con pico; superficie semirrugosa.

Fecha de siembra, cosecha y labores de campo: Los meses de marzo y abril son los más indicados para la siembra. En Liébana dice el refrán: «Para Santo Toribio (16 abril), ni en el arca ni nacidos». La cosecha, en torno a la Virgen de agosto. La labor en campo comienza con un pase de chisel y luego cultivador para dejar la tierra suave y suelta. Preparar calles a 40 cm y sembrar en surcos a golpes de 20 cm, luego tapar la semilla con un poco de tierra. También se puede hacer con sembradora y a voleo.

Observaciones y curiosidades: Se les da una mano de cobre si ha llovido mucho en junio cuando están en flor. Dice el refrán: «El garbanzo y el señor, cuanto más ralos, mejor». La siembra de los garbanzos debe hacerse estando separados para que entre bien el aire y se haga una buena planta. La siembra en hileras permite quitar las malas hierbas con más facilidad; es importante retirar las plantas competidoras en su fase de nascencia. Es una variedad rústica que si se siembra con tempero se cría bien. Se pone en tierras nobles de ribera, no en las tierras fuertes o arcillosas. Se siembran en calles con una separación de 40 cm para que la planta esté bien ventilada y se desarrolle mejor. No le gusta zonas muy sombreadas por arbolado; la luz y el aire son dos elementos que le son beneficiosos. La rabia afecta tanto a las vainas como a las hojas. Los pocos oriundos que he conocido durante la realización de este trabajo, y que han cultivado durante décadas garbanzos, destacan que las condiciones del territorio dotan de un especial sabor a los garbanzos. Hay una apreciación que considero destacar: los agricultores tenían preferencia por algunas parcelas, e incluso en algunas no toda la parcela era considerada apta para producir garbanzos con la calidad suficiente para autoconsumo o comercialización.

Conservación: Conservar en lugar fresco y seco. En sacos de tela dentro de un arcón de madera, o en botes de cristal.

4. Aspectos culinarios

Partes comestibles: Las semillas secas y limpias. El grano para consumo humano. La planta seca para el ganado o para hacer compost. La semilla es de forma y textura ligeramente rugosa y color *beige*.

Cualidades organolépticas: El garbanzo de Liébana destaca por su textura mantecosa, piel fina e inapreciable y excelente sabor.

Valoración gastronómica: Mantener el cultivo local para dotar de identidad y singularidad al plato emblemático de Liébana, que se solía comer los viernes, el «cocido lebaniego», debería ser una máxima entre los mismos habitantes y los establecimientos de hostelería. El territorio podría verse fortalecido, contribuyendo al desarrollo y mantenimiento del oficio de la agricultura y la gastronomía, al estar amparadas en un alimento inédito y singular. El paisaje, el territorio y el paladar saldrían por igual beneficiados.

Recetas tradicionales: Cocido lebaniego, potaje de garbanzos con bacalao, potaje de garbanzos y espinacas de bacalao, potaje de vigilia, garbanzos de vigilia, garbanzos con chipirones, olla podrida, ropa vieja, cocido de garbanzos, potaje de garbanzos y bacalao, chanfaina, sopa de gallina vieja, garbanzos de vigilia, garbanzos con chirivías, potaje de garbanzos y espinacas con bacalao, tarta de garbanzos, potaje de garbanzos con panecillos y caldereta rápida de garbanzos con almejas.

5. Datos culturales de la variedad

El alimento está identificado con el territorio: Sí.
El alimento es reconocido por la cultura gastronómica local: Sí.
El alimento está presente en el recetario tradicional cántabro: Sí.
El alimento está relacionado con alguna fiesta pagana y/o religiosa local: No.
El alimento se cultiva en la actualidad: Sí.
El alimento se comercializa en la actualidad: Sí.
Hortelanos/as: Carlos Martínez.

6. Valoración global

Comercialización: La producción ronda los 300-400 kg anuales. En el mercado se venden en bolsas de kilo.

Situación actual: Después de un buen número de prospecciones realizadas en distintas localidades durante los años 2019, 2021 y 2022 en la comarca de Liébana para localizar si podía haber algún agricultor profesional u hortelano que mantuvieran la semilla local de garbanzo, que tanta fama ha dado a esta tierra y que ha sido el ingrediente principal de una de las recetas tradicionales y emblemas de este territorio, el «cocido lebaniego», la respuesta fue negativa en todas las visitas. En la última prospección me topé con un agricultor que ha cultivado garbanzos a lo largo de su vida, enseñanza que heredó de su padre, que hacía lo propio. Juan José Martínez y Carlos Martínez me dieron una clase sobre lo que acontece en torno a los afamados garbanzos de Liébana. En la actualidad, ellos siguen cultivando garbanzos, aunque la semilla no guarda relación con una variedad tradicional, me hacen saber padre e hijo que a la semilla hoy no se le da tanta importancia. Cuando el cultivo era una necesidad, sí se mantenía la semilla de casa. Las características morfológicas del garbanzo tradicional que se ha sembrado en localidades de la comarca de Liébana son similares al garbanzo pedrosillano. Carlos me confiesa, efectivamente, que la semilla procede de Castilla. Es evidente apuntar la erosión sufrida, tanto en el mantenimiento de la semilla como del cultivo, por los pocos hombres y mujeres que siguen sosteniendo el relevo generacional. En la comarca de Potes, la realidad es que la ganadería y el turismo durante las últimas décadas han desplazado a la agricultura. En la vega baja del valle había mucha huerta y frutales que hoy han desaparecido, la cual daba hortalizas, garbanzos, vid y mucha fruta, así como nueces, manzanas y cerezas que se llevaban a Castilla para cambiar por trigo. Hoy, salvo los garbanzos que cultiva y vende Carlos, la procedencia en los establecimientos es de Castilla o del continente americano.

Singularidades y potencial del alimento: La situación actual de esta semilla contrasta con la difusión y protagonismo que alcanza la receta que más y mejor ha encumbrado el garbanzo objeto de estudio. Llama la atención cómo el modelo de sociedad industrial fue el motivo principal de la emigración de los pobladores de las zonas rurales hacia los grandes núcleos urbanos y, paralelamente, la decaída del cultivo. Por otro lado, el cambio de época de una sociedad agraria rural modesta, especialmente en las zonas de montaña, contra el modelo agrario y ganadero intensivo que se imponía en la tierra llana, hizo el resto para hacer casi desaparecer el cultivo del garbanzo. Las décadas de los años 70, 80 y 90 confirman una de las erosiones genéticas, de costumbres hortícolas, agrícolas y de pérdida de conocimientos tradicionales que mayor impacto han tenido en el territorio rural. Esto confronta con la aceptación y valor social, cultural y gastronómico que ha adquirido esta variedad. Por todo ello, el potencial y fuerza vertebradora que tiene la recuperación de esta variedad local puede ser una forma de recuperar el cultivo en el territorio y devolver su presencia en tierras que en las últimas décadas quedaron huérfanas por falta de manos y por la introducción de

Garbanzo fino de Valmeo.

garbanzos de otros territorios, incluso internacionales, en detrimento de la cultura ligada a esta variedad y que ha identificado a lo largo de la historia a este territorio. Todo pasa por una decisión y una acción por cambiar, bien es cierto que adecuando las necesidades y el objetivo al tiempo presente. Pero no estaría de más analizar en este caso un alimento que ha formado parte durante siglos, qué valor de sostenibilidad puede tener en el territorio y no fiar todo a intereses o especulaciones económicas. Las administraciones tienen la responsabilidad de gestionar, documentar y elaborar un estudio en profundidad para analizar con detalle el importante material genético recabado y recuperar un cultivo desaparecido. Estoy seguro que, de seguir en esta línea de investigación, llegarán gratas sorpresas sobre el material prospectado, tanto desde el punto de vista nutricional como culinario, ambiental y cultural.

Alubia

Semilla de alubia de cocido de Bádames.

Ficha n.º 12

Alubia de cocido de Bádames

1. Variedad tradicional

Nombres locales: Alubia de cocido.
Familia: Fabaceae.
Género: *Phaseolus.*
Especie: *P. vulgaris.*

Citas bibliográficas: El apunte bibliográfico más significativo sobre el cultivo de legumbres es el que recoge Pascual Madoz en su *Diccionario Geográfico-Estadístico-Histórico...* (1845-1850). Desde la localidad de Avellanedo hasta la de Viveda, enumera 428 lugares donde el cultivo de legumbres, y de manera especial alubias, fue una de las bases de la economía familiar, tanto para consumo como para intercambio o venta.

Pascual Madoz: *Santander. Diccionario Geográfico-Estadístico-Histórico,* Salamanca: Ámbito/Estvdio, 1995.

107

El novelista cántabro del periodo realista, José María de Pereda, recogió y describió muchas de las costumbres en torno a las tareas del campo y el alimento. Describe así esta realidad:

Con la *secura*, que no cesaba por seguir el tiempo al Sur, las mieses se pusieron hechas una bendición de Dios, y en la última semana de octubre no quedaba una caña de alubias sin *pelar* en las heredades, y las panojas, bien granadas y bien secas, iban a desprenderse ellas solas de los maíces, si muy pronto no las amontonaban sus dueños en el desván. Pero ¡con poco mimo las observaban éstos uno y otro día, para dejarlas expuestas a la voracidad de los cuervos, o a los riesgos del temporal que podía presentarse a la hora menos pensada! ¡El fruto de tantas fatigas, el pan de todo el año!

José María de Pereda: *El sabor de la tierruca*,
4.ª ed., Madrid: Espasa-Calpe, 1973.

La publicación *Comer en Cantabria* recoge en la localidad de Castro Urdiales lo que sigue:

«Mesón Marinero», por ejemplo, en el centro del pueblo, con comida casera, destacando el cocido montañés, y el marmitako o chipirones en su tinta, además de macarrones, lentejas o garbanzos con berza, en plan de abrir apetito.

José Ramón Saiz Viadero: *Comer en Cantabria*,
Madrid: Ediciones Penthalon, 1981.

Esta otra compilación de recetas cántabras atestigua antes de la llegada de la globalización culinaria una idea muy aproximada de la relación entre platos y alimentos. Recoge tres elaboraciones con alubias blancas, indicando en una de ellas que la procedencia de las alubias es de Meruelo:

Alubias blancas con almejas, alubias blancas con chorizo y alubias blancas estofadas

La cocina tradicional de Cantabria, Oviedo:
Asturlibros, 1981.

La publicación *Recetas de cocina de Arenal de Penagos...* muestra una recopilación de las costumbres gastronómicas hecha por mujeres jóvenes de la localidad; en el capítulo de las legumbres destaca una elaboración con alubias blancas:

Cocido Montañés. Ingredientes: Alubias blancas, berza, patata, arroz, morcilla, tocino, trencas, costillas, chorizo, hueso de cerdo y sal. Modo de hacerlo: Cocer las alubias con el tocino, trencas, costillas, chorizo y hueso de cerdo. A parte poner a cocer el repollo, que una vez en su punto y escurrido se añadirá a las alubias. Media hora antes de retirar el cocido del fuego, se añadirá la morcilla y un puñado de arroz. Corregir el punto de sal. Puede añadirse más sabor aliñando finalmente con aceite quemado.

Recetas de cocina de Arenal de Penagos y su zona,
Santander: Institución Cultural de Cantabria, 1987.

La cocina cantábrica la sitúan Llopis e Irizar dentro del mapa gastronómico español en la zona septentrional. La definen como una cocina rica en manjares, tanto en pescados y carnes como en verduras y hortalizas. Recogen media docena de elaboraciones y solo en una de ellas aparecen las legumbres entre sus ingredientes; citan las alubias blancas para preparar el popular plato que da nombre a una notoria novela de José María de Pereda: *La puchera montañesa*:

Ingredientes para 4 raciones. 250 gr. carne de carnero, 250 gr. de gallina, 150 gr. de alubias blancas, 100 gr. de tocino, 100 gr. de chorizo, 1 repollo, 1 diente de ajo, 100 gr. de pan. Condimentos, azafrán y sal. Elaboración; Se pone a cocer la carne de carnero y el trozo de gallina, y cuando se inicie la ebullición se añaden las alubias, que se habrán tenido en remojo durante la noche anterior, el jamón, el tocino y el chorizo. Se lava bien el repollo, se pica y se cuece aparte; cuando estén en su punto las alubias, se les añade el repollo con toda el agua que contenga, el azafrán tostado y el ajo muy picado, se deja cocer todo junto y se prueba su sazonamiento. Después de cocido se pasa el caldo para una olla y se le añaden unas sopas de pan y de esta manera se compone el primer plato. El resto de la olla se sirve en una fuente con la carne troceada. Se presenta todo muy caliente.

Manuel Martínez Llopis y Luis Irizar: *Las cocinas
de España*, Madrid: Alianza Editorial, 1990.

Zacarías Puente aporta dos recetas con alubias blancas: Alubias blancas con vainilla y Alubias con almejas. La receta de esta última dice:

Ingredientes para cuatro personas: ½ kilo de alubias blancas, 1 puerro, 1 pimiento verde, 1 pimiento choricero, 1 zanahoria, 6 dientes de ajo, 1

109

cebolla, 1 vaso de vino blanco, perejil, guindilla, 4 tiras de pimiento rojo, 1 huevo, 4 espárragos, ¼ aceite de oliva, ½ kg. de almejas. Preparación: 10 minutos. Cocción: 50 minutos. Dejar a remojo las alubias de víspera. Poner- las a cocer con el puerro, zanahorias, pimiento verde, pimiento choricero, tres dientes de ajo, media cebolla y la mitad del aceite durante 45 minutos, o al- go más si es necesario, hasta que estén hechas y sazonar de sal y retirar. Pi- car el resto de la cebolla, y ajo muy fino, así como dos trozos de guindilla. Freír con el resto del aceite hasta que se haga la cebolla, entonces echar las almejas previamente lavadas, saltearlas un poco, añadir el vino blanco, ta- par con una tapadera para que las almejas se abran. Mezclarlas con las alu- bias, y dejar que hiervan juntos unos minutos, sazonar de sal si hace falta. Se adorna con las tiras de pimientos, el huevo cocido y cortado en cuartero- nes, los espárragos espolvoreados de perejil.

Zacarías Puente: *La cocina de Cantabria*,
Fuenterrabía: Imprenta Ondarribi, 1994.

El recetario *Cantabria gastronómica* recoge todas estas recetas con alubia blanca: olla ampuerense, alubias blancas de Liendo, alubias con jabalí y alubias blancas con chorizo. El hecho de tantas elaboraciones con alubia blanca confirma que la cultura ligada a la alubia de cocido es una realidad en el territorio cántabro, y por lo tanto era ingrediente habitual en muchos de los platos tradicionales. Aquí la receta de la olla ampuerense:

Ingredientes: ½ kg. de alubia blanca, ¼ kg. de vainas, 1 chorizo, 1 morcilla, ¼ kg. de costilla de cerdo, ¼ kg de tocino de hebra y sal. Elabora- ción: Después de haberlas tenido a remojo las alubias, las ponemos a cocer en una cazuela solas, en otra cazuela se cuecen las vainas troceadas y en una tercera cazuela cocemos el tocino y la costilla de cerdo. Una vez coci- da las alubias mezclamos con las vinas, el chorizo y la morcilla. Dejamos co- cer hasta que todos los ingredientes estén tiernos.

Esteban, José Antonio: *Cantabria gastronómica*,
Cantabria: Imgraft, 2002.

Ismael Díaz Yubero realiza una labor precisa y meticulosa sobre lo que acon- tece en la cocina española antes de acabar el siglo XX. Un trabajo vivido y abun- dante donde muestra infinidad de detalles gastronómicos, pero donde también po- demos constatar un aspecto que ha pasado desapercibido o que hasta el siglo XXI no entraba en la nomenclatura culinaria de una buena parte de los escritores especializados en los asuntos del comer. Y es cierto: la diversidad de especies ha pasado de puntillas, y unos y otros se han ceñido a una familia vegetal a la hora de encumbrar una hortaliza, una legumbre o una fruta. Señalo esta cita del capítulo de Cantabria donde habla de las judías blancas:

La característica que diferencia las ollas de esta región de las de la vecina castilla es el uso de la alubia, casi siempre blanca, que sustituyó a las habas autóctonas trans la conquista de América. Tierra adentro, las judías blancas, con jamón y tocino —generalmente ahumado, proceso al que se le somete en la montaña para que se conserve—, con aceite, cebolla, pimientos choriceros, sal perejil, tomillo y una pizca de azúcar y otra de pimienta, compiten con las judías rojas, con chorizo y morcilla y, a veces oreja, rabo y berza, que son una alternativa al cocido de garbanzos.

En la costa, la alubia blanca es la legumbre más empleada, lo que es lógico pues es la que mejor combina con el pescado. Un ejemplo de ellos son las judías con almejas, muy diferentes del plato que los asturianos preparan con las fabes y este molusco, ya que aquí la preparación se enriquece con pimientos rojos y verdes, huevos y espárragos. Las alubias blancas con jibia, troceada en dados, para lo que es necesario que sea grande, son muy agradables; el llamado —cocido cantabrón— con bogavante, entero o cortado en rodajas, con sus pinzas como adorno, que es la sublimación de la modesta legumbre, constituye un plato de la cocina moderna que resulta muy sabroso, pero del que personalmente pienso que nunca deben mezclarse churras y merinas.

Ismael Díaz Yubero: *Sabores de España*, Madrid,
Ediciones Pirámide, S. A., 1998.

La Comisión de Recetas de El Zapico, con la colaboración de cocineros de Cantabria, recoge en su primer recetario una receta con el uso de la alubia blanca. A tenor por la descripción, se refieren a la emblemática y tradicional alubia de cocido. Antes de la receta dan una introducción de cada plato:

Puchera Montañesa. Esta receta de alubias está localizada en el municipio de Polaciones. Se caracteriza principalmente en que el carnero es el elemento principal de este cocido, acompañado, eso sí, de los elementos típicos del cerdo: chorizo, tocino y jamón además de gallina y repollo. Para que esta receta sea menos fuerte de sabor es preferible utilizar cordero u oveja. Las alubias serán blancas y redondas, aunque también se pueden usar alubias de riñón. Ingredientes: ¼ kg de carnero, 200 gr de gallina, 150 gr de alubias, 100 gr de tocino,

100 gr de jamón, 100 gr de chorizo, 1 repollo, 1 diente de ajo, azafrán, pan y sal. Elaboración: Se pone a cocer la carne del carnero y la gallina, cuando rompa a hervir se la añaden las alubias, remojadas la noche anterior, el jamón, el tocino y el chorizo. El repollo, bien lavado, se pica y se cuece aparte; una vez en su punto las alubias se la añade el repollo con toda el agua que tenga, el azafrán tostado y el ajo muy picado, se deja cocer todo junto y se prueba si está bien de sal. Después de cocido se pasa el caldo para una olla y se la añaden unas sopas de pan de esta manera se hace el primer plato. El resto de la olla se sirve en una fuente con la carne troceada. Se sirve todo bien caliente.

Recetario Zapico de la cocina de Cantabria,
1.ª Entrega, Cantabria: Gobierno de Cantabria, 2000.

Concepción Herrera aporta cuatro elaboraciones con alubias blancas en su recopilación de recetas cántabras: «Dos platos confeccionados con alubias y almejas, alubias blancas con chorizo y morcilla del año y alubias blancas del Valle de Liendo». De esta última, indica: «Alubias blancas finas y alargadas de las zonas de Liendo, Guriezo y Laredo».

Concepción Herrera de Bascuñán: *Cocina tradicional de Cantabria*, León: Editorial Everest, S. A, 2009.

Inés Butrón señala varias localidades por el protagonismo que adquieren sus productos. La atracción del cocido montañés como parte identitaria del patrimonio gastronómico y turístico local es la mejor carta de presentación: «Cabuérniga, Polaciones y Ruente»

Inés Butrón: *Ruta gastronómica por Cantabria*,
Barcelona: Grup Editorial 62, S. L. U., 2009.

Los miembros de la Cofradía El Zapico recogen tres elaboraciones donde las alubias utilizadas son blancas, aspecto que certifica el cultivo y consumo de esta variedad como la de mayor uso en la cocina tradicional cántabra. Las recetas son las siguientes: pote de castañas, alubias blancas con perdiz y olla ampuerense.

Recetario Zapico de la cocina de Cantabria,
6.ª Entrega, Cantabria: Gobierno de Cantabria, 2010.

Valoración local: Bádames es la capital del municipio de Voto, estando situada a 28 m sobre el nivel del mar. En Cantabria, el cultivo y la tradición de esta variedad es un clamor. Esta alubia es un argumento alimentario de primer orden por el arraigo y la presencia que tiene en el territorio. Tuvo un papel importante en la vida social y en la economía familiar, y fue uno de los pilares de la alimentación en los siglos XVIII, XIX y XX. Esta alubia es una incunable de Cantabria, y es la base para la preparación del cocido montañés, que se acompaña con hortalizas y el famoso compango. Aunque son infinitas las recetas que se hacen con la alubia de cocido, la forma más tradicional y de la cocina de diario es a base del sofrito de cebolla y pimentón. Por su calidad y su funcionalidad se acompañan con toda clase de géneros proteicos: cerdo, cordero, vaca, aves de corral y, como no podía ser de otra manera, con los estimados pescados que ofrece el mar Cantábrico. Es una variedad que cuenta con un gran reconocimiento en el territorio y a la vez su cultivo está casi desaparecido. La procedencia de la alubia de cocido que se consume en la actualidad es de Castilla o está importada de otros países. El cultivo ha perdido buena parte del protagonismo que tuvo en el pasado, estando actualmente en manos de unas pocas familias que han heredado las semillas y mantienen la producción, así como por unos pocos atrevidos que, a pesar de las dificultades debidas a la importación de alubias de otros países, se mantienen fieles al producto identitario. Todo ello contrasta con la adaptación, poder prolífico, rusticidad, rendimiento y sabores que ofrece esta variedad tradicional que fue durante años un alimentado insustituible dentro de la cultura popular y que ha dado nombre a uno de los platos que cuenta con una mayor proyección fuera de Cantabria. La semilla procede de una familia de agricultores y ganaderos que desde hace varias generaciones mantienen la variedad. En la actualidad, Carlos Rubio sigue la tradición en su cultivo, promoción y comercialización. La alubia de cocido es una de las variedades de alubias más representativa de Cantabria, y se puede localizar en un buen número de poblaciones, aunque dado el abandono progresivo de la huerta cada vez son menos los hortelanos que conservan esta variedad tradicional.

2. Origen

Localidad: Bádames.
Comarca: Trasmiera.
Provincia: Cantabria.
Nombre donante: Gerardo Cedrún Sainz.

Carlos Rubio Cedrún.

Evaluador: Ismael Ferrer Pérez.
Nombre y foto del productor: Eva Tordesillas Gómez y Carlos Rubio Cedrún.

3. Características morfológicas y agronómicas

Color, tamaño, peso y forma: Grano de color blanco, tamaño medio y forma arriñonado corto plano.

Fecha de siembra, cosecha y labores de campo: Por tradición se dice que en San Isidro estén sembradas. Planta muy rústica con una buena adaptación a la tierra y pluviometría de Cantabria. Siembra en surcos separados a 1 metro. En cada golpe se ponen entre 2 y 3 semillas, y la distancia entre plantas es de 35 cm aproximadamente. La recolección comienza a finales de septiembre; hay que esperar que la vaina seque bien. Se van pasando por las calles hasta 5 veces para recoger las vainas a la medida que van secando. Luego se extienden en una manta al sol para que termine el secado y posteriormente se separa el grano de la vaina. Las lluvias pueden provocar una merma del 25% o incluso más. La preparación del terreno comienza con el subsolado de la tierra, pase de fresa, y marcaje de surcos y siembra. Cuando nacen las plantas, se realiza el entutorado. La labor más importante es la de sallar. Esta operación se hará en 2 o 3 ocasiones para retirar las hierbas competidoras. El riego dependerá del año; especialmente hay que regar cuando están en flor para que no caiga y cuaje el fruto.

Observaciones y curiosidades: Planta rústica, productiva, con una buena adaptación a la tierra y pluviometría de Cantabria. De manera tradicional se cultivó al amparo del maíz, y actualmente se cultiva con el maíz y también con tela o mallas. Las vainas recolectadas se ponen a la entrada de la casa sobre mantas para terminar su secado y una vez petan o crujen, se comienza a separar la vaina del grano. La alubia tiene un valor extraordinario en la rotación de cultivos, por lo tanto, su manejo es muy beneficioso. Si se combina la alubia y el maíz, se crea una asociación alelopática positiva que beneficia a ambos. Si se cultiva solo la alubia, la propia leguminosa hace una excelente labor fijando el nitrógeno en la tierra para los próximos cultivos. La rotación de parcelas será cada 3 o 4 años.

Conservación: Una vez secas y limpias, se ponen las alubias una o dos semanas en el congelador para evitar el gorgojo. La conservación, en sacos de tela, papel o botes de cristal, siempre en un lugar fresco, seco y al abrigo de la luz.

4. Aspectos culinarios

Partes comestibles: El grano seco.

Cualidades organolépticas: La alubia presenta piel bien integrada, consistencia del albumen blanda y textura mantecosa. Se cuece muy bien y la variabilidad es muy homogénea. Es una alubia que destaca por su sabor y mantecosidad, cualidades que la convierten en una de las alubias referentes en Cantabria por su presencia en numerosas elaboraciones.

Valoración gastronómica: Tiene un valor muy importante dentro de la cocina cántabra, pues es el ingrediente básico de numerosos platos tradicionales como el cocido montañés. Sinergia absoluta entre los atributos organolépticos de la alubia y la tradición del plato. Reconocida y valorada por su sabor. Cultivada en Cantabria ofrece matices y singularidades que la dotan de una personalidad única y que la convierten en un alimento a proteger dentro del patrimonio gastronómico cántabro.

Recetas tradicionales: Cocido montañés, puchera montañesa, pote de castañas, alubias estofadas, alubias con sofrito, alubias con almejas, alubias blancas con vainilla, olla podrida guriezana, alubias blancas con perdiz, olla ampuerense, alubias blancas con cachón, potaje campesino, alubias a la marinera, potaje campesino, alubias a la marinera, olla torancesa, cocido de alubias blancas, potaje de alubias blancas, alubias con jabalí, pote de castañas y alubias blancas con chorizo.

5. Datos culturales de la variedad

El alimento está identificado con el territorio: Sí.
El alimento es reconocido por la cultura gastronómica local: Sí.
El alimento está presente en el recetario tradicional cántabro: Sí.
El alimento está relacionado con alguna fiesta pagana y/o religiosa local: No.
El alimento se cultiva en la actualidad: Sí.
El alimento se comercializa en la actualidad: Sí.
Hortelanos/as: Un centenar de jubilados.

6. Valoración global

Comercialización: En la actualidad, el cultivo es testimonial en familias para autoconsumo. Hay unos pocos productores, resaltando la labor de Carlos, que el año 2021 tuvo una producción de 370 kg para comercializar. Alrededor de 200-400 kg de alubias sacan al mercado cada campaña. El precio oscila sobre los 12 €/kilo. Presentación en paquetes de medio y de kilo.

Situación actual: La situación de esta variedad nos confronta con la realidad: hace falta ser humildes para aceptar y tomar conciencia de los errores y hacer las mejores elecciones para cambiar el momento que vive la alubia de cocido. La situación que más daño ha hecho a esta variedad local es la venta de alubias importadas diciendo que son cultivadas en Cantabria, cuando en verdad un porcentaje muy alto no lo es. Esto ha causado una venta con unos precios a la baja, y el menosprecio a la labor de los verdaderos protagonistas: los hortelanos locales. Un acto de sabiduría y que sentaría las bases de un nuevo tiempo, que sería el de provocar e incentivar que la alubia de cocido utilizada en las fiestas tradicionales, en las casas y establecimientos de hostelería, fuera cultivada en el territorio. El cultivo para autoconsumo en las familias se mantiene, pero de forma muy débil, con producciones en torno a los 3-5 kg por familia. Aunque esta variedad procede de Bádames, en la actualidad se cultiva en Hoz de Marrón. Cantabria debe empezar a reconocer a personas como Carlos por su trabajo inconmensurable, por salvaguardar esta y otras variedades locales. Quizá es el momento de recuperar y re-

Alubia de cocido de Bádames.

cobrar el sabor identitario de esta variedad local para encontrar el equilibrio entre la huerta y territorio, y así hacer justicia a uno de los platos más ilustres de la cocina cántabra. Esperemos que cambie la tendencia y se abra un nuevo tiempo donde aumente el consumo local en las casas, establecimientos de hostelería, así como la venta en tiendas para que los hortelanos tengan la fuerza y seguridad para seguir cultivando.

Singularidades y potencial del alimento: El potencial es muy grande, pero la situación y el no ser capaces de decir y admitir la verdad ha llevado a casi el abandono del cultivo en la huerta cántabra y a importarla de otros territorios. El potencial de esta variedad es inmenso, aunque la producción se ha reducido muchísimo en las familias, y son muy pocos los productores que todavía cultivan esta variedad local. Es necesaria una nueva mirada a la relación de la sociedad con la naturaleza para poder empezar a construir un nuevo modelo alimentario, hace falta reconocer el vínculo entre el alimento y la tierra para crear sociedades menos dependientes y más autosuficientes en materia de alimentación. La alubia de cocido se alterna con otros cultivos tradicionales como son los nabos, el repollo, las acelgas o las cebollas. La identidad de un plato debe ir acompañada por la identidad de los ingredientes, un nexo indisociable y la carta de presentación más honesta de la cocina local allí donde se dé. Una variedad que tiene muy en cuenta lo que significó en esta tierra y el papel que debería volver a tener para la gastronomía y huertas de Cantabria. Actualmente, elaborar tan sublime receta con alubias de cocido cultivadas en Cantabria no resulta fácil. En la mano de todos esta recuperar el vínculo tierra-plato que durante generaciones ha dado de comer a la humanidad, y que tan solo en las últimas décadas los mercados y los intereses particulares han roto sin escrúpulos la verdad que mantenía el equilibrio entre el alimento y el planeta para beneficio de los seres humanos. Son varias las fiestas o rituales donde la alubia de cocido participa en la comunidad de Cantabria.

La localidad de Vargas (municipio de Puente Viesgo, valle de Toranzo) mantiene vivo un acontecimiento que tiene una relación estrecha con la comida y con la alubia blanca o de cocido. Una tradición singular e inédita, «La Perola de Vargas», Fiesta de Interés Turístico Regional desde el año 2004. Una costumbre que se mantiene en el tiempo y que simboliza el acto fraternal de las gentes de este lugar en dar un plato de comida el día de San Sebastián a las personas que lo necesitaban. El hecho tiene como trasfondo histórico y evidencia secular los momentos donde la peste hacía sus estragos en la Europa de los siglos XIV y XV, y especialmente en Cantabria en el siglo XVI. Una pandemia tan devastadora que los muertos se contaban por millones en Europa. Como el número de fallecidos era tan alto y la medicina tenía tan escasa incidencia para atajar el brote de la peste negra, los ciudadanos se encomendaban a los santos. San Sebastián ha sido el santo que más fe despertó entre los creyentes para la protección de la peste, y ello queda demostrado por el hecho de que esta fiesta se recree el día del santo (Sebastián nació en Milán a mediados del tercer siglo. Su vida fue dedicada a evangelizar y mantener en la fe a los creyentes. Murió mártir el 20 de enero del año 288). En Vargas, la tradición cuenta que un vagabundo que pasaba por el pueblo anunciando la llegada de la peste, y a pesar del miedo que ello originaba, encontró en esta bella localidad personas de gran corazón que le ofrecieron un plato de comida. En reconocimiento ante tan bello gesto, el señor que dio la noticia rezó y suplicó para que Vargas se librase de la peste como reconocimiento a la acción de valor y coraje de las personas que atendieron su apetito sin temer por su vida. Por ello, y de manera secular, se ha ido manteniendo la tradición, donde según los testimonios recogidos en esta localidad, se acordó en el día de San Sebastián dar un plato de comida a todas las personas que teniendo necesidad vivieran o se acercaran al pueblo. Según las personas de mayor edad, se cuenta que las mujeres preparaban un plato o cocido a base de legumbres en las casas, luego se juntaban en la plaza y allí lo repartían entre los más necesitados. Actualmente, la Junta Vecinal de Vargas organiza todos los actos. Los niños tienen su rincón y su momento de festejo de la fiesta para hacerles saber la tradición de esta costumbre con pan y vino infantil. La víspera de San Sebastián, se reúne el Concejo de Vargas para pasar cuentas de gastos e ingresos y conocer el estado económico y actuaciones o asuntos terminados o pendientes en la localidad. La propia Junta se ocupa de preparar el comedor y buscar un cocinero que prepara las 750 raciones de cocido montañés para los asistentes. En nuestro tiempo, la realidad es bien distinta, y la fiesta se mantiene como recuerdo de tan encomiable gesto.

La Fiesta del Cocido, por otra parte, tiene lugar en la casa de Monte de Ucieda. Comenzó a celebrarse el año 1968, contando, pues, con más de medio siglo de historia, y fue declarada Fiesta de Interés Turístico Regional en septiembre del 2001. El Ayuntamiento de Cabezón de la Sal, junto con la Junta vecinal de Ucieda, cada primer fin de semana de septiembre organiza la fiesta del cocido, donde se reparten alrededor de 3.500 raciones. Dentro de los actos está el de la preparación de los ingredientes y el compango para la elaboración del cocido montañés. Así mismo, se preparan 1.500 *boronos*. El domingo, mientras se cuecen las alubias, se hacen los preparativos para el reparto del cocido. La degustación se realiza amenizada por folclore cántabro.

Igualmente, la Feria de la Alubia y la Hortaliza de Casar de Periedo celebró su I edición el año 2005, y en el año 2014 fue declara Fiesta de Interés Turístico Regional. Dado que es una localidad donde el cultivo de alubias ha tenido un arraigo importante, especialmente la alubia roja y la de cocido, en su segunda edición la organización propuso preparar un cocido montañés para divulgar uno de los platos que cuentan con mayor popularidad dentro del recetario gastronómico de Cantabria. El domingo de la feria popularizado se reparten más de 1.800 raciones de cocido montañés.

La pregunta que debemos hacernos es: ¿qué singularidad puede tener un cocido montañés cuando se prepara con alubias que proceden de fuera de Cantabria o de España?

Semilla de alubia arrocina de Bielva.

Ficha n.º 13

Alubia arrocina de Bielva

1. Variedad tradicional

Nombres locales: Alubia arrocina, cuarentena o almejera.
Familia: Fabaceae.
Género: *Phaseolus.*
Especie: *P. vulgaris.*

Citas bibliográficas: Pascual Madoz señala que la producción en la huerta de Bielba es de: «maíz, alubias, nabos, calabazas, algo de trigo y pastos; cría ganados, caza mayor y menor, y pescade truchas, anguilas y salmones».

Pascual Madoz: *Santander. Diccionario Geográfico-Estadístico-Histórico,*
Salamanca: Ámbito/Estvdio, 1995.

El libro de María Gloría Corpas deja en el capítulo de «Cocidos montañeses» una receta de alubias con almejas, en la cual señala al final lo que sigue:

121

Las mejores alubias para este plato son las de Meruelo. Describe otra receta donde la legumbre son alubias blancas. Señala una receta de alubias con cordero donde apunta al final de la receta; y para todo esto hay que saber qué clases de alubias son, que es una de las cosas más elementales tanto en comida como en cocedura.

María Gloria Corpas: *Cocina cántabra*, Madrid: M. G. Corpas, 1980.

La publicación *La cocina moderna en Cantabria* evidencia la relación entre alubias y productos del mar, aportando cuatro elaboraciones: alubias a la marinera, alubias a la marinera con almejas, alubias con almejas y alubias de Abaño con almejas. Señalo esta última por testimoniar la sencillez y el punto de cocción más en sintonía con la alubia arrocina.

Manuel Arroyo González y Carlos Cerro García: *La cocina moderna en Cantabria*, Madrid: Espasa-Calpe, 1990).

La cocina de Cantabria en sus raíces pejinas recoge esta curiosa receta de alubias: «Alubias con almejas. Este plato de vigilia fue descubierto por cumplir este precepto. En esta zona de Trasmiera siempre al medio día se comían alubias con chon. En cuaresma decía la abuela: iros al playón y traerme unas almejas para echar algo al puchero».

Zacarías Puente e Inés Villanueva: *La cocina de Cantabria*, 2ª. ed., Fuenterrabía: Imprenta Ondarribi, 1985.

Orejo recoge a través de un grupo de mujeres ganaderas un resumen de las tradiciones del pueblo. El libro cuenta las cosas más representativas de las vivencias propias en lo cotidiano de las familias. En el capítulo dedicado a las hortalizas, aporta este apunte sobre las legumbres:

El resto de los alimentos son proporcionados en la propia explotación familiar. Puede decirse que todas las familias cultivan de 14 a 16 especies hortícolas en una superficie de 100-150 m cuadrados, y algún frutal. Los huevos son también caseros, surtidos por 12-14 gallinas. Algunas de las familias tienen 2 ó 3 conejas madres, que, unidas a las legumbres, unos 100 kg por familia, 800-1.000 kg de patatas cosechadas y la leche, constituyen la base fundamental de la alimentación.

VV. AA.: *Las tradiciones de la localidad cántabra de Orejo narradas por sus mujeres*, Santander: Institución Cultural de Cantabria, 1987.

José Antonio Esteban señala esta elaboración: «Alubias con almejas», aunque no indica el color y la forma de la alubia empleada. A tenor de la tradición culinaria popular, considero que el tipo de alubia podría ser la alubia arrocina.

José Antonio Esteban: *Cantabria gastronómica,*
Cantabria: Imgraft, 2002.

Valoración local: Bielva es una población cabeza de municipio de Herrerías, que se encuentra a 188 m de altitud. La economía en esta localidad estuvo sustentada en el pasado por la ganadería. La huerta cumplía un papel importante, aportando hortalizas, maíz y legumbres. La mujer se hacía con la responsabilidad de la huerta, y debido a su sabiduría y buen hacer la abundancia en la mesa estaba asegurada. La alubia arrocina se ha cultivado en buena parte de la comunidad cántabra. Es una de las alubias más representativas de la cultura agrícola popular y cuenta con un excelente reconocimiento en la cocina tradicional, lo que contrasta con que hoy esté en un estado de casi abandono. Mariángeles la cultiva desde niña, como lo hacían sus padres y abuelos. La rusticidad, adaptación y manejo de la planta la convierten en una variedad muy versátil para cultivar en Cantabria.

2. Origen

Localidad: Bielva.
Comarca: Saja-Nansa.
Provincia: Cantabria.
Nombre donante: Jesusa Bustamante Gerejeta.
Evaluador: Ismael Ferrer Pérez.
Nombre productor: Mariángeles Vázquez Bustamante.

3. Características morfológicas y agronómicas

Color, tamaño, peso y forma: Color blanco, la semilla más pequeña de la colección en Cantabria. Forma arriñonada semillena.

Mariángeles Vázquez Bustamante.

123

Fecha de siembra, cosecha y labores de campo: La siembra se realiza en torno a San Isidro (15 de mayo) y San Antonio de Padua (13 de junio), aunque la fecha de siembra recomendable es junio. Para ello debe hacer calor. En mayo, si no hace calor, no nacerá bien. La cosecha, a finales de agosto. Estercolado de la parcela, volteado de la tierra con el arado y pase de cultivador. Esta variedad se siembra en filas a 60 cm de distancia, poniendo 3-4 semillas por golpe a 25 cm, desherbado una o dos veces. Cuando las vainas están secas, se cosechan las plantas y vainas, disponiéndose a secar hasta retirar el exceso de humedad. Una vez bien secas se desgranan las vainas para obtener el grano manualmente o con una trilladora. Un año de importantes lluvias en el mes de septiembre puede dificultar mucho la recolección y hacer perder parte de la producción.

Observaciones y curiosidades: Al ser una variedad de mata baja, las labores se simplifican muchísimo. Hace algo de guía; no es una variedad muy compacta y de mucho follaje. Estamos frente a una variedad de mata baja, ciclo corto y que se adapta bien a los suelos y climatología cántabra. Es una variedad muy interesante para mecanizar los trabajos. Productiva y rústica, tiene todos los parabienes de una semilla tradicional, y curiosamente su presencia hoy en el campo es testimonial. El cultivo de legumbres y su alternancia en tierras agrícolas o huertos es un aspecto para valorar y considerar por todos los beneficios que reporta a la tierra.

Conservación: Una vez secas y limpias, se ponen las alubias una o dos semanas en el congelador para evitar el gorgojo. La conservación, en sacos de tela, papel o botes de cristal en un lugar fresco, seco y al abrigo de la luz.

4. Aspectos culinarios

Partes comestibles: El grano seco.

Cualidades organolépticas: De cocción fácil, buena textura y ausencia de piel. Sabor suave y de textura mantecosa. La piel es muy fina y no se aprecia.

Valoración gastronómica: Esta alubia cuenta con gran aceptación y se consume sola o con pescado, especialmente marisco, de ahí el nombre de «alubia almejera». Se cuece rápido y fácil. Su sabor neutro le permite combinarse con numerosos ingredientes, tanto en ensaladas como guarnición de platos. Muy interesante para preparar elaboraciones con arroz por su sinergia y complementariedad. Su tamaño y su bajo contenido en fécula las hacen muy digestibles.

Recetas tradicionales: Alubias con almejas, alubias con sofrito, alubias con chorizo, alubias de Abaño con almejas, alubias con amayuelas y alubias a la marinera.

Alubia arrocina de Bielva.

5. Datos culturales de la variedad

El alimento está identificado con el territorio: Sí.
El alimento es reconocido por la cultura gastronómica local: Sí.
El alimento está presente en el recetario tradicional cántabro: Sí.
El alimento está relacionado con alguna fiesta pagana y/o religiosa local: No.
El alimento se cultiva en la actualidad: Sí.
El alimento se comercializa en la actualidad: Sí.
Hortelanos/as: Una docena de jubilados.

6. Valoración global

Comercialización: No hay comercialización.
Situación actual: En Cantabria, actualmente su cultivo es testimonial. Recuperarlo sería un paso importante, pues todavía hay un consumo significativo, aunque la procedencia es de Castilla o importada de otros países. La alubia arrocina es una de las legumbres emblemáticas de la tierra cántabra, contando con una gran tradición en el saber popular en un buen número de localidades. Está en gra-

ve retroceso, a pesar de que es una judía rústica y de fácil manejo por poder mecanizarse la labor en campo. Unas pocas familias, al igual que Mariángeles, la mantienen para autoconsumo y salvaguardar la variedad. Crea perplejidad que no se haya tomado en serio el cultivo de esta variedad en Cantabria con todo el potencial que atesora. La incorporación de esta semilla en la cultura agrícola reporta beneficios colectivos y la vuelta a una relación de complementariedad de la sociedad con la naturaleza y el campo. Sería un buen paso poder empezar a construir una cultura culinaria sólida entre el alimento y la tierra, para poder empezar a crear sociedades menos dependientes y más autosuficientes en materia de alimentación.

Singularidades y potencial del alimento: Debido a que puede mecanizarse todo el proceso en el campo, estamos ante una alubia con un gran potencial para ofrecer un alimento reconocido por la sociedad y permitir una rotación de cultivos muy interesante. Es una evidencia su singularidad, y sería todavía más importante si la comercialización procediera en su totalidad del territorio, aspectos que la dotarían de mayor interés social, sostenible y vertebrador.

Semilla de alubia ojo de la Virgen de Casar de Periedo.

Ficha n.º 14

Alubia del ojo de la Virgen de Casar de Periedo

1. Variedad tradicional

Nombres locales: Alubia del ojo de la Virgen, alubia del Pilar y alubia del ojuco.
Familia: Fabaceae.
Género: *Phaseolus.*
Especie: *P. vulgaris.*

Citas bibliográficas: Madoz señala que la producción en la huerta de Casar de Periedo es de: «maíz, alubias, y yerbas de pasto, cría ganado vacuno, y pesca de truchas y anguilas».

Pascual Madoz: *Santander. Diccionario Geográfico-Estadístico-Histórico,*
Salamanca: Ámbito/Estvdio, 1995.

Luis Antonio de Vega hace un recorrido por la gastronomía española, expresando el carácter y matices que simbolizan aspectos de los distintos territorios

127

que trata. De Santander dice lo siguiente en lo que se refiere a las legumbres, y especialmente a las alubias, pero no concreta ni la variedad ni la localidad. Lo que sí despeja es la calidad de las alubias en la región cántabra:

> La alubia santanderina trata de tú a las de las más afamadas zonas alubieras y todavía les hace un favor.
>
> Otros platos montañeses, aparte de los citados, son toda la gama piscícola, desde la langosta al golayo, que la gente marinera acomoda con patatas, las judías a lo tío Lucas, los lenguados a la santoseña y el pato al vino, relleno de manzanas y manteca de cerdo, hoja de laurel y tomillo, en cuya cochura son expertas las féminas de Marrón, Ampuero, Limpias y Angustina.

Luis Antonio de Vega: *Viaje por la cocina española*,
Madrid: Salvat Editores y Alianza Editorial, 1969.

Valoración local: Casar de Periedo es una localidad que pertenece al municipio de Cabezón de la Sal, situado a 90 m de altitud, en una vega llana por donde discurre el río Saja. La huerta en Casar de Periedo tuvo un papel relevante en la economía local. Debido a ese pasado, hoy está consolidada la feria del Casar de Periedo, conocida como la Feria de la Hortaliza y la Alubia, y declarada Fiesta de Interés Turístico Regional. Años atrás, Casar de Periedo abastecía con alubias el mercado de Torrelavega. Alfredo me constata que había muchas familias cultivando alubias y ahora no hay continuación; la juventud no quiere saber nada de este negocio. Me señala igualmente Alfredo con preocupación: «… se dice: ya no vale la pena, y cuando van a la tienda a comprar es cuando entienden que no es cierto lo que se dice entre corros». En Casar de Periedo no quedaba un rincón sin sembrar, se aprovechaba toda la tierra y todo se hacía a mano. Alfredo conserva la semilla de sus padres y abuelos, manteniendo seis variedades: la alubia roja o colorada, la canela, la canarina, la pequeña de cocido, la de riñón y la Pilarica. Todas estas variedades son de mata alta y las cultiva asociadas al maíz.

2. Origen

Localidad: Casar de Periedo.
Comarca: Saja-Nansa.
Provincia: Cantabria.
Nombre donante: Antonio González y Luisa Bermejo.
Evaluador: Ismael Ferrer Pérez.

Nombre hortelano/a: Alfredo González Gómez.

3. Características morfológicas y agronómicas

Color, tamaño, peso y forma: Color blanco moteado marrón, tamaño medio y forma esférica llena.

Fecha de siembra, cosecha y labores de campo: La siembra para mayo o primera quincena de junio. La recolección empieza a finales de septiembre y hasta la mitad de octubre. Limpiar la tierra, poner estiércol, labrar y por último pasar el rotavator. Marcar las líneas y sembrar la alubia y el maíz.

Observaciones y curiosidades: Es una variedad que hace mucha vegetación y a la vez seca antes que las otras alubias. Por lo que hay que sembrarla aparte; Alfredo es la primera que cosecha. Variedad rústica que no presenta enfermedades.

Conservación: Una vez secas y limpias, se ponen las alubias una o dos semanas en el congelador para evitar el gorgojo. La conservación es en sacos de tela, papel o botes de cristal, en un lugar fresco, seco y al abrigo de la luz.

Alfredo González Gómez.

4. Aspectos culinarios

Partes comestibles: El grano seco.

Cualidades organolépticas: Presenta una piel y consistencia homogénea Es una alubia que ofrece un gran sabor y una excepcional textura.

Valoración gastronómica: Se cuece muy bien y da un caldo muy sabroso.

Recetas tradicionales: Alubia Pilarica con chorizo, alubia del pilar con aceite, alubia Pilarica con *borono*.

5. Datos culturales de la variedad

El alimento está identificado con el territorio: Sí.

El alimento es reconocido por la cultura gastronómica local: Sí.

El alimento está presente en el recetario tradicional cántabro: Sí.
El alimento está relacionado con alguna fiesta pagana y/o religiosa local: No.
El alimento se produce en la actualidad: Sí.
El alimento se comercializa en la actualidad: Sí.
Hortelanos/as: Alrededor de veinte familias en la localidad.

6. Valoración global

Comercialización: Se vende a granel y en bolsas de kilo. La producción por familia oscila entre 100 y 400 kg. Se comercializan por venta directa o en la feria.

Alubia ojo de la Virgen de Casar de Periedo.

Situación actual: Alfredo hereda la semilla de sus abuelos, y todavía mantiene el cultivo por la excelente aceptación. Estamos frente a una de las alubias históricas en la Península, pues aparece en distintas comunidades autónomas, lo que da una idea de la resiliencia y adaptación de la semilla. Hoy se cultiva para autoconsumo, también para comercializar en la Feria de la Hortaliza y la Alubia de Casar de Periedo y la venta particular en las casas.

Singularidades y potencial del alimento: Las singularidades y el potencial de las alubias de Casar de Periedo no ofrecen duda alguna. La Feria de la Hortaliza y la Alubia es un ejemplo que testimonia un pasado importante en torno a esta legumbre, pero, tristemente y a menos que se tomen cartas en el asunto, en unos años la producción local habrá desaparecido y con ello las semillas heredadas durante generaciones. La pregunta que debemos hacernos es: «¿Tendrá sentido organizar una feria si gran parte de lo que se vende en ella procede de otros territorios?». Pensar es recordar. Es necesario adoptar un cambio de actitud para edificar la labor de los hortelanos y hacer ver a las nuevas generaciones que ha sido un error lo acontecido en materia alimentaria a nivel global, y que de seguir en esa dinámica las consecuencias son demoledoras y serán catastróficas para el devenir de los pueblos.

Semilla de alubia roja de Casar de Periedo.

Ficha n.º 15

Alubia roja de Casar de Periedo

1. Variedad tradicional

Nombres locales: Alubia roja, alubia colorada.
Familia: Fabaceae.
Género: Phaseolus.
Especie: *P. vulgaris.*

Citas bibliográficas. Madoz señala que la producción en la huerta de Casar de Periedo es de: «maíz, alubias, y yerbas de pasto, cría ganado vacuno, y pesca de truchas y anguilas».

Pascual Madoz: *Santander. Diccionario Geográfico-Estadístico-Histórico,*
Salamanca: Ámbito/Estvdio, 1995.

Amós de Escalante escribe sobre que en la vega donde se mezclan el Saja y el Besaya se respira el sano ambiente de las faenas campesinas, y el día del mer-

131

cado en Torrelavega el ajetreo es inmenso, la plaza esta abarrotada y el alimento que describe es parte del paisaje de la época:

Allí los frutos de la tierra: pilas de borona sin moler, recogidas sobre tendidas sábanas; descoloridos trigos de la montaña, el álaga y el cutiano; tiernas alubias de blanca o roja o azotada piel; sabrosas legumbres y frescas verduras; coles y cebollas, y los rojos pimientos y ajos duros de Quevedo.

Amós de Escalante: *Costas y montañas*, Santander: Ediciones Estvdio, 1.ª ed. 1999.

La colección de Cantabria; sus pueblos y costumbres, recoge recetas con alubia blanca, alubia roja, frejoles negros, garbanzos y lentejas. Señala este dato sobre la alimentación de los hombres en el campo:

A la hora de comer de estos trabajadores, no había dónde escoger. Los más privilegiados llevaban una tartera de alubias rojas y otra con un poco de arroz con leche con un trozo de borona, ya que otros con la borona y una cebolla tenían que arreglarse.

Las tradiciones de la localidad cántabra de Orejo narradas por sus mujeres, Santander: Institución Cultural de Cantabria, 1987.

La alubia roja es otra de las legumbres con mayor presencia en la huerta y en el recetario cántabro. El recetario *Cantabria gastronómica* enumera tres recetas con alubia roja: alubias rojas con chorizo de Guriezo, alubias rojas a la montañesa y alubias con jibia. Aquí la receta de alubias con jibia:

Ingredientes: 400 gr. de alubias rojas, 1 kg de jibia, 1 cebolla, 1 puerro, 1 zanahoria, 2 dientes de ajo, aceite de oliva, pimienta negra y sal. Elaboración: Después de haber tenido las alubias a remojo, ponemos una cazuela al fuego con las alubias, cubierta de agua. Añadimos un chorro de aceite, y las verduras troceadas, excepto media cebolla y un diente de ajo. En otra cazuela, con un poco de aceite, cebolla y ajo, preparamos la jibia ya limpia y troceada. Cuando todo este tierno, mezclamos las alubias con la jibia, salpimentamos y dejamos cocer unos minutos.

José Antonio Esteban: *Cantabria gastronómica*, Cantabria: Gráficas Imgraft, 2002.

Concepción Herrera recoge una receta con alubia roja, indica la población donde se han cultivado y la elaboración responde a una fórmula clásica de prepararlas:

Alubias rojas de Guriezo estofadas a la montañesa. Ingredientes: 200 g de alubias rojas de Guriezo, ½ cebolla, 1 diente de ajo, ½ hoja de laurel, 1 rama de perejil, un poquito de pimentón, 1 cs de harina, aceite y sal. Elaboración: Si las alubias no fueran de cosecha reciente, dejarlas em remojo durante la noche. Para cocinarlas, cambiar el agua e incorporar un chorro de aceite en crudo, la cebolla en trozos, el ajo pelado y picado, y el laurel. Poner a cocer y, cuando rompa el hervor, cortarlo con un poco de agua fría, repitiéndolo dos o tres veces con el fin de que no suelten la piel y se hagan antes. Dejar cocer lentamente, procurando que estén suficientemente cubiertas de agua. Si se necesitara más, se alade fría y en poca cantidad. Cuando estén tiernas, retirar. Aparte, en un poco de aceite caliente, echar la harina y el pimentón, mezclar con un poco del caldo de las alubias, verter sobre ellas, sazonar, cocer cinco minutos más y dejar reposar. Se recomienda retirar la hoja del laurel y los trozos de cebolla. Si desea que las alubias rojas conserven su intenso color, hacer la cocción sin cambiar el agua de remojo.

Concepción Herrera de Bascuñán: *Cocina tradicional de Cantabria*, León: Editorial Everest, S. A, 2009.

Valoración local: Casar de Periedo es una localidad que pertenece al municipio de Cabezón de la Sal, situado a 90 m de altitud, en una vega llana por donde discurre el río Saja. Casar de Periedo lo conforman 4 barrios: Casar, Periedo, Virgen de la Peña y Cabrojo. Tradicionalmente, la judía más emblemática de Casar es la alubia roja, aunque se cultivan otras judías como la del Pilar, la alubia blanca plana, la alubia del cocido montañés, la alubia garbancera o de canela y la alubia canaria o verdeña.

2. Origen

Localidad: Casar de Periedo.
Comarca: Saja-Nansa.
Provincia: Cantabria.
Nombre donante: José García de los Salmones Ruiz.
Evaluador: Ismael Ferrer Pérez.
Nombre hortelano/a: Eduardo García de los Salmones.

3. Características morfológicas y agronómicas

Color, tamaño, peso y forma: Color rojo, tamaño medio y forma esférica llena.

Fecha de siembra, cosecha y labores de campo: Siembra durante la segunda quincena de mayo, de San Isidro a finales de mes. La siembra a la vez que el maíz; la cosecha para los días del Pilar hasta final de mes. Las labores de la tierra: cultivador y sayo para preparar la tierra. Se pica la hierba 2 veces; en la segunda vez arrimar la tierra. Surcos a una distancia de 70 cm y entre plantas dejar 40-50 cm. El agua es de lluvia, por lo que el tiempo condiciona la cantidad

Eduardo García de los Salmones.

de cosecha; la falta de agua cuando saca la flor, así como el sol fuerte y la niebla son las causas que más determinan la recolección. Cuando el maíz tiene 50 cm de alto se le aporca bien de tierra para ayudarle a la planta a combatir el aire.

Observaciones y curiosidades: La flor de la alubia es blanca y la hoja grande con forma de corazón. La planta es de mata alta y consumo el grano en seco; en pocha o desgranadera no hay costumbre. Esta variedad cultivada de modo tradicional no necesita de atuendos y guarniciones para sorprender en el plato. Se cuece a fuego lento, con remojo si la alubia tiene varios meses o lleva más de un año recolectada. Hay dos versiones: unos las cuecen con la compañía de cebolla, ajos, y al final un chorro de aceite crudo; otros cuecen las alubias con la cebolla bien picada, y al final añaden un sofrito de cebolla y pimentón siendo el caldo resultante rojo, espeso y de sabor intenso y sabroso. Necesitan un remojo en agua fría de 8-10 horas. Se cocinan con la misma agua, la justa, y fuego suave. Se acompañan con cebolla, zanahorias, pimiento verde, puerro, y ajos y al final se añade un refrito de ajos y pimentón.

Conservación: Una vez secas y limpias, se ponen las alubias una o dos semanas en el congelador para evitar el gorgojo. La conservación en sacos de tela, papel o botes de cristal en un lugar fresco, seco y al abrigo de la luz.

4. Aspectos culinarios

Partes comestibles: El grano seco.

Cualidades organolépticas: Muy sabrosa, cocción fácil, excelente textura y ausencia de piel.

Valoración gastronómica: Hay que *teclarlas*, mimarlas, para disfrutar del verdadero sabor de las alubias; mejor comerlas sin compango.

Recetas tradicionales: Alubias rojas de Guriezo estofadas a la montañesa, alubias rojas con chorizo.

5. Datos culturales de la variedad

El alimento está identificado con el territorio: Sí.

El alimento es reconocido por la cultura gastronómica local: Sí.

El alimento está presente en el recetario tradicional cántabro: Sí.

El alimento está relacionado con alguna fiesta pagana y/o religiosa local: No.

El alimento se cultiva en la actualidad: Sí.

El alimento se comercializa en la actualidad: Sí.

Hortelanos/as: Alrededor de 8-10 familias en la localidad.

6. Valoración global

Comercialización: La producción por familia oscila entre los 100 y los 400 kg. Se comercializan por venta directa o en la feria.

Situación actual: Eduardo lamenta la realidad que se vive actualmente. La juventud no se interesa por sembrar alubias, cuando antes era uno de los puntales económicos de los habitantes del lugar. Se cultivaba mucha alubia: la roja, la de cocido, la del ojo de la Virgen y la de color canela, especialmente. Hoy son una docena de vecinos los que cultivan para autoconsumo y la venta directa, pero como ocurre en tantas poblaciones, el relevo generacional se ha diluido, y de no cambiar la situación en las próximas décadas podremos ver la desaparición del cultivo de la alubia en esta población. La fiesta de la alubia y la hortaliza empezó el 2005 con 4 puestos, se repitió al año siguiente y tuvo tanto éxito que ahora está considerada Fiesta de Interés Regional. La fiesta se originó porque en la localidad había mujeres que pasaban de los 100 años, y vinieron las cadenas de televisión

a realizar un programa; los periodistas preguntaron por el porqué de tanta longevidad, y las mujeres lo achacaron a las alubias. A raíz de salir en la tele, la junta vecinal propuso hacer una feria de la alubia para fomentar y difundir la cultura agrícola y alimentaria de la población.

Singularidades y potencial del alimento: Es destacable la Feria de la Hortaliza y la Alubia, que arrancó en la localidad de Casar, y que ha tomado una fuerza importante; pese a ello el cultivo entre los más jóvenes no está aumentando. Es reseñable decir que los pocos jubilados que aportan sus alubias a la feria no pueden satisfacer la demanda, y que si no fuera por su coraje y fuerza interior hoy estaría abandonada en su totalidad en las mieses. Un cambio de actitud se necesita antes de que esta realidad nos envuelva y nos ponga de frente a la dependencia alimentaria que está empezando a manifestarse de lo lindo, incluso en las poblaciones rurales de este país de la piel de toro extendida.

Alubia roja de Casar de Periedo.

Ficha n.º 16

Alubia de canela de Casar de Periedo

1. Variedad tradicional

Nombres locales: Alubia de canela.
Familia: Fabaceae.
Género: *Phaseolus.*
Especie: *P. vulgaris.*

Citas bibliográficas: Madoz señala que la producción en la huerta de Casar de Periedo es de

«Maíz, alubias, y yerbas de pasto, cría ganado vacuno, y pesca de truchas y anguilas».

Pascual Madoz: *Santander. Diccionario Geográfico-Estadístico-Histórico,*
Salamanca: Ámbito/Estvdio, 1995.

137

El trabajo de Carmen González aporta un dato reseñable sobre el alimento que se llevaba a la mesa en los banquetes o fiestas:

> La matanza del cerdo en Arenal de Penagos. Una de las fiestas más bonitas es la de la matanza del cerdo. Es un momento en que la familia y vecinos se reúnen con afán, de colaborar en los trabajos y divertirse. El banquete es un momento importante; para su preparación se prepara como plato principal las famosas alubias y tejadas. Más adelante las alubias fueron sustituidas por la sopa, garbanzos y tejadas. El postre generalmente solía ser arroz con leche. Para este día se preparaba la torta de borona, poniéndola a la mesa y utilizada para mojar en las salsas.

> Carmen González Echegaray: *La matanza o «matancio» del cerdo en Cantabria*, Bilbao: Caja Cantabria,1993.

Valoración local: Casar de Periedo es una localidad que pertenece al municipio de Cabezón de la Sal, situado a 90 m de altitud, en una vega llana por donde discurre el río Saja. A Casar de Periedo lo conforman 4 barrios: Casar, Periedo, Virgen de la Peña y Cabrojo. El cultivo de alubias es parte indisociable de la cultura hortícola, económica, social y culinaria de esta localidad a lo largo de la historia. Son muchas las variedades que se han cultivado por las bondades del terreno, ambientales y de adaptación de esta legumbre. Las alubias que cuentan con más historia y tradición son: alubia roja o colorada, alubia del Pilar, alubia blanca plana, alubia garbancera o de canela, alubia de cocido, alubia canaria o verdeña, alubia de riñón, alubia arrocera y frejol. A principios de este siglo en Casar de Periedo había 5 mujeres que pasaban de los 100 años, y la televisión se acercó para hacer un programa. Los entrevistadores preguntaron cuál era el hecho que propiciaba tanta longevidad, y las mujeres lo achacaron a las alubias. A raíz de salir en la tele, la junta vecinal propuso hacer una feria de la hortaliza y la alubia para dar visibilidad a la cultura hortícola de la localidad. La fiesta empezó en el 2005 con 4 puestos, se repitió al año siguiente y tuvo tanto éxito que ahora está considerada de interés regional.

2. Origen

Localidad: Casar de Periedo.
Comarca: Saja-Nansa.

Provincia: Cantabria.
Nombre donante: María Villegas Pérez.
Evaluador: Ismael Ferrer Pérez.
Nombre hortelano/a: María José Terán Villegas.

3. Características morfológicas y agronómicas

María José Terán Villegas.

Color, tamaño, peso y forma: Color crema, tamaño medio y forma esférica llena.

Fecha de siembra, cosecha y labores de campo: La siembra, desde finales de mayo a finales de junio, el tiempo manda. La recolección para el mes de octubre. Se realiza un pase con vertedera y luego rotavator los días previos a la siembra para dejar la tierra fina. Para la siembra se abren los surcos con un caballo y luego se siembra la alubia y el maíz. Hay que realizar un desherbado varias veces.

Observaciones y curiosidades: Necesitan remojo en agua fría entre 8-10 horas. Se cocinan con la misma agua y fuego suave. Se acompañan con cebolla, zanahorias, pimiento verde, puerro y ajos. Al final se añade un refrito de ajos y pimentón. Se recomienda no acompañar con compango para saborear de la singularidad de las alubias.

Conservación. Una vez secas y limpias, se ponen las alubias una o dos semanas en el congelador para evitar el gorgojo. La conservación, en sacos de tela, papel o botes de cristal en un lugar fresco, seco y al abrigo de la luz.

4. Aspectos culinarios

Partes comestibles: El grano seco y también en pocha o tierna, aunque no es habitual el consumo del grano fresco.

Alubia de canela de Casar de Periedo.

Cualidades organolépticas: Muy sabrosa, cocción fácil, excelente textura y ausencia de piel.

Valoración gastronómica: Excelente sabor, es una de las alubias que cuenta con mayor aceptación y reconocimiento entre los oriundos de la tierra. Se aconseja tomar las alubias sin compango.

Recetas tradicionales: Alubia de canela con *borono* y guiso de alubia y pollo de corral.

5. Datos culturales de la variedad

El alimento está identificado con el territorio: Sí.

El alimento es reconocido por la cultura gastronómica local: Sí.

El alimento está presente en el recetario tradicional cántabro: Sí.

El alimento está relacionado con alguna fiesta pagana y/o religiosa local: No.

El alimento se cultiva en la actualidad: Sí.

El alimento se comercializa en la actualidad: Sí.

Hortelanos/as: Alrededor de diez familias en la localidad.

6. Valoración global

Comercialización: Se vende a granel y en bolsas de kilo. La producción por familia oscila entre 100 y 400 kg. Se comercializan por venta directa o en la feria.

Situación actual: Estamos en el ocaso de esta variedad por la falta de relevo generacional. Años atrás, la alubia formaba parte de los tres pilares más importantes en la vida social: el económico, el de la salud y el cultural; hoy sostienen el cultivo unas pocas familias de la localidad, cuando antes se cultivaban la alubia roja, la de cocido, la del ojo de la Virgen y la de color canela, especialmente.

Singularidades y potencial del alimento: Las singularidades y el potencial de las alubias de Casar de Periedo no ofrecen duda alguna. La Feria de la Hortaliza y la Alubia es un ejemplo que testimonia un pasado importante en torno a esta legumbre, pero tristemente, y a memos que se tomen cartas en el asunto, en unos años la producción local habrá desaparecido, y con ello las semillas heredadas durante generaciones. La pregunta que debemos hacernos es: ¿tiene sentido organizar una feria si gran parte de lo que se vende en ella procede de otros territorios? Pensar es recordar, y es necesario un cambio de actitud para edificar la labor de los hortelanos y hacer ver a las nuevas generaciones que ha sido un error lo acontecido en materia alimentaria a nivel global, y que seguir en esa dinámica supone que las consecuencias serán demoledoras y catastróficas para el devenir de los pueblos.

Semilla de frejol de Caviedes.

Ficha n.º 17

Frejol de Caviedes

1. Variedad tradicional

Nombres locales: Frejol, alubia pinta.
Familia: Fabaceae.
Género: *Phaseolus.*
Especie: *P. vulgaris.*

Citas bibliográficas: El recetario publicado por el Gobierno de Cantabria y la colaboración de ODECA recoge esta elaboración: «Fréjoles de Caviedes»:

Ingredientes para 4 personas: Fréjoles, 1 cabeza de ajos, 1 cebolla, 1 pimiento, 1 hoja de laurel, 1 ramita de perejil, 1 cucharadita de pimentón agridulce, aceite de oliva y agua. Elaboración: Se cuecen los fréjoles en agua fría suavemente y asustándolos 2 o 3 veces. Se añade una cabeza de ajo, una cebolla, un pimiento, laurel, perejil y un chorro de aceite de oliva. Cocer hasta que esté

143

en su punto y casi al final, hacemos un refrito de aceite de oliva y pimentón agridulce con un diente de ajo.

Nuestras recetas. Sabores de Cantabria, Cantabria:
Librería Estvdio, 2014.

Valoración local: Caviedes es una localidad del municipio de Valdáliga que se encuentra a 100 m sobre el nivel del mar. Esta variedad tradicional cuenta con el reconocimiento en la parte occidental de la comunidad cántabra; algunos la reconocen con el nombre de «alubias pintas». Maricruz Cofiño heredó de su madre el frejol, y ya son tres generaciones las que mantienen el cultivo y consumo. Es una alubia tradicional que cuenta con gran reconocimiento entre los habitantes del municipio.

2. Origen

Localidad: Caviedes.
Comarca: Costa occidental.
Provincia: Cantabria.
Nombre donante: Anunciación Pérez Gutiérrez.
Evaluador: Ismael Ferrer Pérez.
Nombre hortelano/a: Maricruz Cofiño Pérez.

3. Características morfológicas y agronómicas

Color, tamaño, peso y forma: Color crema rallado en rojo, tamaño medio y forma esférico lleno.

Mari Cruz Cofiño Pérez.

Fecha de siembra, cosecha y labores de campo: La siembra es en el mes de mayo, en torno a San Isidro, aunque el tiempo es el que manda y cada año dicta el día óptimo de siembra. La recolección, durante el mes de octubre. Pase de cultivador y fresa antes de la siembra. Marcaje de los surcos, siembra y entutorado. Sallar un par de veces para las malas hierbas.

Observaciones y curiosidades: La manera tradicional ha sido con el soporte del maíz. Actualmente, se ponen con cañas o malla. Es una planta rústica y bien adaptada cuyo comportamiento y manejo en campo no presenta dificultades.

Conservación: Una vez secas y limpias, se ponen las alubias una o dos semanas en el congelador para evitar el gorgojo. La conservación en sacos de tela, papel o botes de cristal, siempre en un lugar fresco, seco y al abrigo de la luz.

4. Aspectos culinarios

Partes comestibles: El grano seco.

Cualidades organolépticas: Se cuece fácil, es muy tierna y sabrosa al paladar del comensal.

Valoración gastronómica: Esta variedad, dado el sabor que ofrece, no necesita de acompañamientos para disfrutar de su sabor inédito y singularidad.

Recetas tradicionales: Uno de los platos estrella: «frejoles al modo tradicional». La legumbre se cuece con cebolla, ramillete de perejil y cabeza de ajos; al final se le añade un sofrito de cebolla y pimentón. No lleva patata la elaboración.

5. Datos culturales de la variedad

El alimento está identificado con el territorio: Sí.

El alimento es reconocido por la cultura gastronómica local: Sí.

El alimento está presente en el recetario tradicional cántabro: Sí.

El alimento está relacionado con alguna fiesta pagana y/o religiosa local: No.

El alimento se cultiva en la actualidad: Sí.

El alimento se comercializa en la actualidad: Sí.

Hortelanos/as: Dos o tres hortelanos.

6. Valoración global

Comercialización: La comercialización de esta variedad es únicamente en el restaurante.

Situación actual: Maricruz regenta un negocio de hostelería, Casa Cofiño, donde prepara distintos platos de alubias para satisfacer a visitantes y turistas. Los frejoles al modo tradicional es una receta que siempre está en su carta. Maricruz es una prescriptora de esta variedad, su compromiso hace que se mantenga vivo el cultivo del frejol en Caviedes y cree en la sinergia entre cultura, alimento, territorio y personas, base de la sostenibilidad y la economía circular. Es encomiable la labor y el altavoz que hace Casa Cofiño para mantener el acervo cultural. De no hacerlo, estaríamos hablando de una variedad testimonial, tanto en el cultivo como en el consumo en la región cántabra.

Singularidades y potencial del alimento: El frejol es otro de los tesoros del patrimonio alimentario de Cantabria. Su singularidad es un atributo para tener presente como atractivo turístico. El potencial es una realidad que actualmente no lo está viendo todo el mundo con la justa profundidad. No se equivoquen: el día en que nadie cultive los frejoles de Caviedes, se podrán comer cosas con un cierto parecido, pero habremos perdido la identidad que ha formado parte de este territorio en torno a esta alubia, y su sabor se habrá perdido para siempre. Permitir que esto suceda mientras nos quedamos de brazos cruzados será una derrota más de la condición humana frente al alimento de calidad excepcional.

Semilla de alubia de riñón de Comillas.

Ficha n.º 18

Alubia de riñón de Comillas

1. Variedad tradicional

Nombres locales: Alubia de riñón.
Familia: Fabaceae.
Género: *Phaseolus.*
Especie: *P. vulgaris.*

Citas bibliográficas: Madoz señala que la producción en la huerta de Comillas es de:

«Maíz, trigo, manzanas, legumbres y todo género de hortaliza, cría ganado vacuno; caza de liebres y zorros; y pesca de sardina, besugo, congrio, bonito y otros pescados, lo cual constituye juntamente con el ganado vacuno que se expende en la feria celebrada los días 16,17,18 y 19 de julio».

Pascual Madoz: *Santander. Diccionario Geográfico-Estadístico-Histórico,* Salamanca: Ámbito/Estvdio, 1995.

147

Zacarías Puente presenta la receta olla podrida guriezana, donde la legumbre que se utiliza es la alubia blanca de riñón:

Preparación: 25 minutos. Cocción: 90 minutos. Poner las alubias en una cazuela con agua con la costilla, tocino, gallina, 4 cucharas de aceite, puerros, cebolla, pimientos choriceros, perejil. Poner la berza aparte con: Patas de cerdo, morcilla, 4 cucharadas aceite. Cuando estén cocidas las alubias poner los chorizos y las patatas 20 minutos. Cuando esté todo cocido unirlo en una cazuela de barro poniendo lo podrido encima y dejando que hierva un poquito. Sal, la de las cocineras.

Zacarías Puente: *La cocina de Cantabria*,
Fuenterrabía: Imprenta Ondarribi, 1994.

La Comisión de Recetas de El Zapico, con la colaboración de cocineros de Cantabria, recoge en su primer recetario una receta con el uso de la alubia blanca de riñón. Antes de la receta dan una introducción del plato:

Alubias con huevo en berza. Situado principalmente en la zona del Valle de Toranzo y por la zona de Cayón, aunque preguntando por acá y allá se llega a la conclusión de que es un plato de los valles del Pas y del Pisueña. De este plato podemos decir que es como un cocido montañés, sin morcilla y lleva una presentación que la da una visión particular al llevar el compango triturado, enrollado en las hojas de berza; al ir con las alubias, pero aparte, la personas que no pueda comer cerdo, o le apetezca solamente unas alubias, puede retirar fácilmente la berza con el compango. Ingredientes: ½ kg alubias buenas de riñón, 700 gr de berza (hojas enteras), 150 gr de chorizo, 150 gr de costilla adobada, 150 gr de tocino con hebra, 5 dientes de ajo, 2 huevos, 2 puerros, ½ cebolla, aceite, pimentón dulce y pan rallado. Elaboración: Poner a remojo las alubias la víspera. Cocer las alubias con el puerro y la cebolla picados finos, el tocino, el chorizo y la costilla y un chorrito de aceite en crudo. Cocerlas a fuego lento aproximadamente una hora. Sacar el compango y triturarlo, mezclándolo con el huevo batido y un poco de pan rallado. Retirar el troncho gordo de las berzas y ponerlas a cocer en agua hirviendo, con un poco de sal, unos veinte minutos, sacarlas y escurrirlas. Extender las hojas e ir haciendo rollos poniendo como relleno el compango, bridarlo con cuidado para que no se rompa y poniendo lo a cocer lentamente en las alubias durante 5 o 10 minutos; sacarlo y reservar. A las alubias les echaremos un refrito con aceite, los ajos y un poco de pimentón dulce y las rectificaremos de sal. Retirar la cuerda de los rollitos y cortar estos en rodajas, las cuales colocaremos en la cazuela con las alubias, dar un hervor y servir.

Recetario Zapico de la cocina de Cantabria,
1.ª Entrega, Cantabria: Gobierno de Cantabria, 2000.

José Antonio Esteban señala una receta con alubias blancas de riñón:

Ingredientes: 500 gr. de alubias blancas, 300 gr. de chorizo, 200 gr. de panceta fresca, 2 morcillas, 1 cebolla, 3 dientes de ajo, pimentón, aceite de oliva y sal. Elaboración: La víspera se ponen las alubias a remojo, en una cazuela con agua se ponen las alubias con el chorizo, la panceta, la cebolla, el diente de ajo y un chorro de aceite. Cuando las alubias estén hechas, añadimos las morcillas y preparamos un refrito con aceite, ajo y el pimentón. Rociamos las alubias con el refrito y lo dejamos cocer unos minutos más.

José Antonio Esteban: *Cantabria gastronómica*,
Cantabria: Gráficas Imgraft, 2002.

La Comisión de Recetas de El Zapico, junto a cocineros cántabros, selecciona para este recetario dos elaboraciones con el uso de alubia blanca de riñón: alubias con jabalí y cocido de Limpias. Muestra inequívoca de la presencia de esta variedad de alubia en las huertas y en la mesa. Dejo la receta del cocido:

Ingredientes: ½ kg. de alubias blancas de riñón, 1 kg de repollo, 100 gr. de tocino fresco, 1 codillo de jamón, 1 chorizo. Elaboración: Se ponen las alubias a remojo la víspera. Se ponen a cocer las alubias en agua fría. Cuando empiecen a hervir se le quita el agua y se vuelve a llenar de agua fría. Añadimos el tocino fresco, el codillo y la oreja; lo cocemos durante una hora. Sacamos las carnes, las troceamos, las echamos otra vez en las alubias y cocemos otra media hora, en ese momento rectificamos de sal y dejamos reposar. Es un guiso que no lleva aceite y tampoco se le hace refrito ya que con la grasa de las carnes tiene bastante. Tiene que ir cociendo a fuego lento. Esta mejor de un día para otro.

Recetario Zapico de la cocina de Cantabria,
3.ª entrega, Cantabria: Gobierno de Cantabria, 2002.

El laureado cocinero cántabro Nacho Basurto recoge una elaboración del cocido montañés, y utiliza en su confección la alubia blanca de riñón. Dato que confirma el uso de esta variedad para elaborar el plato más universal de la cocina cántabra.

Nacho Basurto: *Cantabria,* Bilbao: Ediciones Barrena, 2004.

Este trabajo evidencia que el origen de las alubias para confeccionar el cocido montañés debe de ser de Casar de Periedo. Tradicionalmente, el cocido se ha confeccionado con alubia blanca, y la de riñón también ha formado parte de las nupcias del cocido montañés.

Juan Cagigas: *Saboreando Cantabria,*
Santander: Editorial Blue&Black, 2009.

La publicación, *Los cocidos de Cantabria* señala en la confección de los siguientes cocidos; «Olla podrida de la Vizcaína, Olla podrida de Guriezo y Cocido de Limpias, el uso de alubia blanca de riñón».

Pedro Arce: *Los cocidos de Cantabria,*
Torrelavega: Cofradía Gastronómica Cocidos de Cantabria, 2020.

Valoración local: La Villa de Comillas es cabecera de municipio, situado a 23 m de altitud sobre el mar. La alubia de riñón cuenta con admiración y reconocimiento en Cantabria; con más precisión, es en la comarca de Saja-Nansa donde se ha cultivado con más devoción. Esta variedad es una de las alubias que cuenta con más tradición en la vega de Casar de Periedo. Rafaela trajo la semilla de Periedo y lleva cultivándola en la finca María Luisa más de 15 años. Su labor está permitiendo mantener la cultura y el origen de la producción, señas de identidad que argumentan sabor y verdad.

Rafaela Mardaras.

2. Origen

Localidad: Comillas.
Comarca: Costa occidental.
Provincia: Cantabria.
Nombre donante: María José Terán Villegas.
Evaluador: Ismael Ferrer Pérez.
Nombre hortelano/a: Rafaela Mardaras.

3. Características morfológicas y agronómicas

Color, tamaño, peso y forma: Color blanco, tamaño grande y forma arriñonado largo semilleno.

Fecha de siembra, cosecha y labores de campo: La fecha de siembra tradicional es entre San Isidro y San Antonio. La siembra es con sembradora. La cosecha, durante el mes de septiembre. Se realiza pase de cultivador, abonado con estiércol de vaca y dos pases de rotavator. Una vez nacen las plantas se ponen los palos o tutores y la malla. Arralar las malas hierbas, sallar para dar tierra a las plantas y resallar a los 15 días.

Observaciones y curiosidades: La planta hace mucha mata; el ciclo es de 100-110 días. La vaina es larga y fácil de desgranar. El tamaño y la forma del grano gusta mucho.

Conservación: Una vez secas y limpias, se ponen las alubias una o dos semanas en el congelador para evitar el gorgojo. La conservación, en sacos de tela, papel o botes de cristal en un lugar fresco, seco y al abrigo de la luz.

4. Aspectos culinarios

Partes comestibles: El grano seco.

Cualidades organolépticas: Grano de piel muy fina y sabrosa.

Valoración gastronómica: Variedad muy polivalente, sirve para elaborar exquisitas recetas de cocidos y/o potajes y para preparar en ensaladas.

Recetas tradicionales: Cocido montañés, ensalada de alubia de riñón y hortalizas, alubia de riñón estofadas con chorizo o con morcilla de año.

5. Datos culturales de la variedad

Alubia de riñón de Comillas.

El alimento está identificado con el territorio: Sí.

El alimento es reconocido por la cultura gastronómica local: Sí.

El alimento está presente en el recetario tradicional cántabro: Sí.

El alimento está relacionado con alguna fiesta pagana y/o religiosa local: No.

El alimento se cultiva en la actualidad: Sí.

El alimento se comercializa en la actualidad: Sí.

Hortelanos/as: En torno a 12-15 personas.

6. Valoración global

Comercialización: En la finca María Luisa de Comillas y en el Herbolario La Salud de Cabezón de la Sal.

Situación actual: La finca María Luisa en Comillas hereda esta semilla y la cultiva para satisfacción de la población cántabra, cosechando en torno a los 150 kg de esta variedad anualmente. En Casar de Periedo todavía una docena de familias cultivan esta variedad para autoconsumo y venta en las casas.

Singularidades y potencial del alimento: La singularidad que esta variedad ofrece es elogiable, muestra una cultura propia y contribuye a ensalzar el potencial por una gastronomía popular y local con raíces. La sostenibilidad será una realidad cuando la tierra esté en manos de aquellos que la quieren cultivar. Hoy los pastos abundan en Cantabria y la sociedad es dependiente de todo el alimento vegetal, salvo unas pocas excepciones.

Semilla de judía de vaina de Dobres.

Ficha n.º 19

Judía vaina de Dobres

1. Variedad tradicional

Nombres locales: Judía de vaina.
Familia: Fabaceae.
Género: *Phaseolus.*
Especie: *P. vulgaris.*

Citas bibliográficas: En la vega donde se mezclan el Saja y el Besaya se respira el sano ambiente de las faenas campesinas, y en el día del mercado en Torrelavega el ajetreo es inmenso, la plaza esta abarrotada y el alimento que describe Amós de Escalante es parte del paisaje de la época:

> Allí los frutos de la tierra: pilas de borona sin moler, recogidas sobre tendidas sábanas; descoloridos trigos de la montaña, el álaga y el cutiano; tiernas alubias de blanca o roja o azotada piel; sabrosas legumbres

y frescas verduras; coles y cebollas, y los rojos pimientos y ajos duros de Quevedo.

Amós de Escalante: *Costas y montañas*. Santander: Ediciones Estvdio, 1.ª ed. 1999.

La publicación *Comer en Cantabria*, de José Ramón Saiz Viadero, enumera hortalizas tradicionales de cultivo y consumo local, y apunta el comienzo del ocaso de la huerta tradicional. Aspecto que medio siglo después podemos confirmar a lo largo y ancho de la comunidad cántabra. La semilla fruto de esta ficha es un buen ejemplo de la erosión genética y el impacto y consecuencias que ello tiene en la mesa; en esta ocasión la fortuna cayó de nuestra mano. La sociedad sigue mirando hacia otro lado ante una realidad que convierte al alimento en un producto sin identidad, y el sentido del gusto ha caído en el más absoluto olvido:

Bajamos nuevamente a la costa y llegamos hasta Ajo, moderno tinglado turístico, donde se sirve paella y mariscos en cantidades industriales, lo mismo que en el siguiente pueblo que es Isla, famoso por sus viveros de langosta y por sus productos hortícolas que han hecho distinguirse como «capital de los pimientos». Dos cosechas al año se han venido dando, de enero a agosto, aunque últimamente se observa una merma en la producción, unida al aumento considerable del turismo, ha obligado a los establecimientos gastronómicos de temporada a proceder a la importación para poder atender a su clientela: lechugas, pimientos, tomates y judías conocidas por *troncheras*, forman la cosecha junto al repollo y las patatas.

José Ramón Saiz Viadero: *Comer en Cantabria*, Madrid: Ediciones Penthalón, 1981.

Valoración local: Dobres pertenece al municipio de Vega de Liébana, situada a 936 m de altitud. Las huertas del núcleo urbano permitieron el cultivo de esta variedad de alubia de vaina como de otras semillas locales y tradicionales. Es importante señalar que esta variedad en el presente siglo XXI estaba perdida entre la población. La semilla objeto de estudio se prospectó en la localidad de Dobres el año 1995 por personal del Instituto Nacional de Investigación y Tecnología Agraria y Alimentaria (INIA-CSIC) y se ha conservado en el Centro de Recursos Fitogenéticos (CRF) que pertenece al INIA en Madrid. El año 2020, Eva García, responsable del departamento hortofrutícola del Centro de Investigación y Formación Agraria (CIFA) en Muriedas, solicitó un lote para poder cultivar la semilla y conocer las cualidades de la variedad. Ese mismo año se realizó un ensayo con tres judías de vaina tradicionales de Cantabria para caracterizarlas y se llevó a una familia de Pesagüero la muestra de Dobres para cultivarla en un lugar cercano al origen y poder conocer el comportamiento de la planta y la aptitud de la variedad. El ensayo constató que la vaina en verde es muy interesante para su consumo. En 2023 realicé una visita a Dobres y constaté que era una variedad conocida entre las personas mayores y que también fue cultivaba en la localidad vecina de Cucayo.

2. Origen

Localidad: Dobres.
Comarca: Liébana.
Provincia: Cantabria.
Nombre donante: Hortelano local.
Evaluador: Ismael Ferrer Pérez.
Nombre hortelano/a: INIA de Madrid.

Iglesia de San Mamés en Dobres.

155

3. Características morfológicas y agronómicas

Color, tamaño, peso y forma: Vaina color lila, tamaño grande, larga y forma elíptica.

Fecha de siembra, cosecha y labores de campo: Realizar el marcaje de surcos y a continuación la siembra durante los meses de mayo y junio. Siembra en surcos separados a 50-60 cm. En cada golpe se ponen entre 2 y 3 semillas, y la distancia entre plantas es de 25 cm aproximadamente. La recolección es cada dos días, cuando comienzan las vainas a tener la madurez óptima para su consumo. La campaña son unos 40 días, luego los frutos se dejan para guardar semilla. Después de la siembra habrá que preparar el entutorado para que pueda vegetar la planta y poder recoger las vainas de manera óptima. Es importante *sallar* para retirar las hierbas competidoras. El riego dependerá de la pluviometría; hay que regar cuando está la planta en flor para que no caiga y cuaje el fruto.

Observaciones y curiosidades: La alubia de Dobres es una planta de enrame; llama la atención el color morado de su tallo y la belleza de las flores de color lila fuerte. Ofrece un fruto precioso: vainas sin hebra que miden entre 16 y 20 cm de largo, de sección elíptica y que se pueden comer, aunque el grano esté un poco marcado. El color de la vaina es morado y salpicado con algunas manchas verdes. Durante la cocción la tonalidad morada desaparece de las vainas. Después del hervor, la textura es crujiente y el sabor recuerda a hierba fresca. Es una planta que merece una especial atención por la singularidad y calidad de sus vainas. Variedad rústica que muestra excelente adaptación a la tierra y altitud, por ello la permite no presentar enfermedades destacables. El cultivo de alubia de vaina en huertos es muy valorado por los beneficios que reporta a la tierra.

Conservación: La conservación es en cámara en torno a 4-6° C de temperatura, entre 5 a 6 días. Conviene comer las vainas con la mayor celeridad para disfrutar de su frescura y textura.

4. Aspectos culinarios

Partes comestibles: Las vainas tiernas.

Cualidades organolépticas: Cocción rápida, textura crujiente y ligeramente carnosa. El sabor es intenso, agradable y aporta notas herbáceas.

Valoración gastronómica: Estamos ante una alubia de vaina muy atractiva por su coloración de piel. Gastronómicamente, es una vaina que soporta bien la cocción y su textura en boca es muy agradable. Estamos ante una variedad local a considerar por su tamaño, forma y buena presencia. Esta variedad se puede elaborar de muy diversas formas, como hervidas al natural o hervidas y salteadas con un refrito de ajos y pimentón. Para guarnecer pescados y carnes también son perfectas. El recetario tradicional de Cantabria nos deja varias recetas donde se combinan las judías de vainas, *troncheras* o *vainetas* con alubias secas.

Recetas tradicionales: Alubias blancas con vainilla, judías verdes estofadas con tomate y jamón, menestra campurriana, olla de Carros, judías verdes a la montañesa y olla ampuerense.

5. Datos culturales de la variedad

El alimento está identificado con el territorio: Sí.

El alimento es reconocido por la cultura gastronómica local: Sí.

El alimento está presente en el recetario tradicional cántabra: Sí.

El alimento está relacionado con alguna fiesta pagana y/o religiosa local: No.

El alimento se cultiva en la actualidad: Sí.

El alimento se comercializa en la actualidad: Sí.

Hortelanos/as.: Actualmente no hay, la semilla se perdió en Dobres y localidades cercanas.

6. Valoración global

Comercialización: No hay comercialización.

Situación actual: Los habitantes de la comarca de Liébana deben recuperar esta semilla y hacerse acreedores de la cultura en torno a ella; se debe acabar con el desprecio a la diversidad hortícola local y la labor de los hombres y mujeres del campo. Es un acto de consciencia poder reconocer que la vida se nutre de palabras, actos y de alimentos. Si el alimento desaparece, con él se va el carburante y la materia prima que nos permite vivir vinculados a la tierra. Desde hoy, la comarca de Liébana recupera un argumento en su oferta agroalimentaria y turística, una singularidad hortícola con un sabor y un valor histórico puesta en tiempo presente.

Singularidades y potencial del alimento. Un alimento que formó parte de la historia durante algo más de dos siglos en la cultura hortícola de la comarca de

Judía de vaina de Dobres.

Liébana despareció a finales del siglo XX, y casi tres décadas después vuelve a hacer acto de presencia en la tierra cántabra. Estaría bien que retomara el esplendor que a buen seguro tuvo tiempo atrás, para complementar la cesta de la compra. Teniendo agua y tierra como hay en la comarca de Liébana, esta variedad debe reconquistar su espacio para dejar de importar judías o vainas frescas procedentes desde cientos o miles de kilómetros. La recuperación del vínculo con la huerta, el hecho de dignificar la profesión de hortelano, aumentar el sabor en la mesa y reducir la huella ecológica son argumentos suficientes para recuperar una parte de la tradición alimentaria y la identidad de este bello paraje a través de una semilla y una historia real. La producción local y su comercialización es una acción que está por ver si será una realidad en los próximos años.

Semilla de carico montañés de Gama.

Ficha n.º 20

Carico montañés de Gama

1. Variedad tradicional

Nombres locales: Carico.
Familia: Fabaceae.
Género: *Phaseolus.*
Especie: *P. vulgaris.*

Citas bibliográficas: El apunte bibliográfico más significativo sobre el cultivo de legumbres es el que recoge Pascual Madoz en el *Diccionario Geográfico-Estadístico-Histórico* (1845-1850). Desde la localidad de Avellanedo hasta la localidad de Viveda, enumera 428 localidades donde el cultivo de legumbres, y de manera especial alubias, fue una de las bases de la economía familiar, tanto para consumo como para intercambio o venta.

Pascual Madoz: *Santander Diccionario Geográfico-Estadístico-Histórico,*
Salamanca: Ámbito/Estvdio, 1995.

159

Zacarías Puente menciona esta receta, ensalada de alubias de Trasmiera (caricos):

Ingredientes: 1 kg de alubias rojas (borrachas o pitones) 1 cebolla roja grande, 3 dientes de ajo, 16 cucharadas de aceite de oliva, 2 cucharadas de pimienta verde, sal al gusto. Elaboración: Lavar las alubias y ponerlas a remojo el día anterior, utilizar agua en la fuente no calcárea y si es de lluvia mejor, con la misma agua ponerlas a cocer lentamente, agregar agua fría para romper el hervor hasta que estén hechas, aparte cortar la cebolla y el ajo en juliana fina, hacer el sofrito con el pimentón y el aceite, añadirlo a las alubias, dar el punto de sal, dejar reposar y servir. Para acompañar una guindilla verde o un poco de vinagre de cereza.

Zacarias Puente: *La cocina de Cantabria*,
Fuenterrabía: Imprenta Ondarribi, 1984.

El recetario que presenta la Editorial Everest aporta una elaboración con los afamados caricos; el autor dice sobre los *caricones*:

Este plato recibe su nombre de su componente fundamental, los caricos. Se conoce así por estas tierras a una alubia de peculiares y particulares características, entre las que destacan su suavidad al paladar y gran calidad, aspecto claramente redondeado, color rojizo y una pequeña mancha blanca que la distingue sin lugar a duda de todas las demás. Al igual que muchas otras creaciones que ofrece la culinaria cántabra, esta fórmula combina la untuosidad de la legumbre con la contundencia de los productos derivados del cerdo, como son la costilla, el chorizo, el tocino o la morcilla. Plato que gusta a los paladares más delicados y deja satisfechos a los más exigentes.

Javier Hernández de Sande: *Cocina cántabra*,
León: Editorial Everest, S. A. 2000.

La comisión de recetas El Zapico seleccionó una elaboración con caricos a la manera tradicional, y antes hace una breve introducción de lo que representa esta alubia en Cantabria:

Los Caricos es una alubia típica de Cantabria. Están localizados, principalmente, por la zona de Trasmiera, aunque ya se encuentran en muchos mercados. Deben su nombre a la palabra francesa *haricots*, que era como los franceses llaman a las alubias, ya que esta zona estuvo ocupada por las tropas francesas. Hay tres tipos de Caricos, según su apariencia externa: Caricos de vino, del ojo de la virgen y de manteca. Es una legumbre rica por sí misma, lo que quiere decir que con un poco de verdura y un refrito de ajo y pimentón, están riquísimos. Es un plato que se solía cenar con leche y borona, aunque ya se usa como plato del medio día.

Recetario Zapico de la cocina de Cantabria,
1.ª Entrega, Cantabria: Gobierno de Cantabria, 2000.

El carico es la alubia que más adeptos tiene en Cantabria. El recetario *Cantabria gastronómica* cita una receta y la localiza en Solares, alubia roja «carico» de Solares:

Ingredientes: 500 gr. de alubias roja, 1 cebolla, 1 pimento verde, 2 dientes de ajo, pimentón, aceite de oliva y sal. Elaboración: Después de haber tenido las alubias a remojo, se pone una cazuela al fuego, llena de agua y se echa los ajos enteros, la cebolla y el pimiento entero. Después se añaden las alubias y la sal, lo dejamos cocer todo junto, hasta que estén cocidas las alubias. Se prepara un sofrito, de ajo machacado y el pimentón, seguido lo añadimos a la cazuela.

José Antonio Esteban: *Cantabria gastronómica*,
Cantabria: Gráficas Imgraft, 2002.

La publicación sobre alubias autóctonas en Cantabria, un trabajo monográfico dedicado al carico montañés, muestra datos obtenidos fruto de los ensayos y da una visión global de las cualidades y características del mismo. Algunos datos relevantes sobre el potencial de la variedad, según sus autores, son:

El «Carico Montañés» tiene un alto contenido en proteínas, superior a la media de alubias coloradas, al contenido medio de alubias y a la muestra de FAO. Respecto a la calidad proteica, cumple con los de su grupo (coloreadas oscuras) y contiene todos los aminoácidos esenciales: Isoleucina, Leucina, Lisina, Metionina Fenilalanina, Treonina, Triptófano, Valina, Arginina e Histidina. También contiene otros aminoácidos: Cistina, Tirosina, Alanina, Glicina, Serina.
El contenido de proteínas de las alubias varía según las variedades. El análisis químico del «Carico Montañés» arroja el 25,6 % de Proteína Bruta sms. Este porcentaje muestra una gran riqueza en proteína, ya que los análisis químicos de las legumbres españolas se sitúan en el 20,0% para las alubias, 22,1% para los garbanzos y 25% para las lentejas (Fuente: Dirección General de Política Alimentaria 1984).

En Cantabria se entiende por «Carico» un tipo peculiar de alubia roja de gran calidad (extra), suave, sabrosa, redonda y con una pequeña mancha blanca en el embrión. Es una alubia uniforme en su color, su albumen y su tegumento, de la que sólo parece haber dos ecotipos diferentes y de forma diferenciada, la redonda y la alargada, aunque predomina la redonda. Sin ningún género de duda, está considerada como alubia autóctona de Cantabria, por el tiempo que se viene cultivando ininterrumpidamente (aproximadamente 200 años) y por tener fijadas unas características muy determinadas de color, forma, suavidad de piel y calidad de albumen, así como una presencia bonita, muy atractiva y llena de luminosidad.

Mariano Gutiérrez Claramunt y Humberto Mallavia Alcalde:
El carico montañés, Cantabria:
Centro de Investigación y Formación Agrarias, 2004.

Valoración local: Gama es cabeza del municipio de Bárcena de Cicero, situada a una altitud de 10 m sobre el nivel del mar. La ganadería y la agricultura han tenido históricamente aquí un papel destacable. Los terrenos son propicios para pastos y el cultivo de hortalizas y legumbres. El cultivo y tradición del carico ha hecho que su presencia fuera en todo el territorio. Su excelente adaptación a las características de la tierra, del agua, así como la singularidad excepcional del sabor y textura del grano, han convertido a esta legumbre en la más codiciada y afamada en la comunidad cántabra. Esta variedad es la que cuenta con mayor proyección dentro y fuera de Cantabria. El carico, junto a otras variedades de alubias, fue la base de la alimentación a partir del siglo XVII. El cultivo del carico se asoció con el del maíz durante varios siglos; en la actualidad, el cultivo se hace con tutores, aunque la producción en el presente siglo XXI está muy lejos de lo que representó en el pasado. La semilla pertenece a una familia que lleva 4 generaciones manteniendo el cultivo. Actualmente, Ignacio Parraza es el único productor de Cantabria en certificar «semilla carico montañés», unos 60-70 kg al año. Esta variedad está inscrita en la Oficina Española de Variedades Vegetales (OEVV). Se tiene referencias de su cultivo desde hace más de dos siglos. El curioso nombre local con el que se conoce a esta alubia puede deberse, según algunas fuentes, a la presencia de las tropas francesas durante el tiempo que permanecieron en el norte de la Península y de manera significativa en la tierra cántabra. En Francia, a la alubia más representativa y conocida del sur de Francia se la llama *Haricot Tarbais,* lo que parece indicar que el nombre derivo de *Haricot* en *carico.* El carico montañés es una variedad reconocida y apreciada; años atrás compartía su popularidad y producción con la alubia de cocido, el carico de canela o la judía pinta, entre otras, hoy su popularidad destaca sobre las otras y su presencia en los mercados y cocinas es muy superior. La belleza rojo-granate del grano, junto al sabor y textura la convierten en la alubia más representativa de la comunidad cántabra, y está amparada por el sello de Calidad Controlada del Gobierno de Cantabria.

2. Origen

Localidad: Gama.
Comarca: Trasmiera.
Provincia: Cantabria.
Nombre donante: Ignacio Parraza.
Evaluador: Ismael Ferrer Pérez.
Nombre productor: Ignacio Parraza.

3. Características morfológicas y agronómicas

Color, tamaño, peso y forma: Color rojo vinoso, tamaño medio, forma elíptico lleno.

Ignacio Parraza.

163

Fecha de siembra, cosecha y labores de campo: La fecha tradicional de siembra entre San Isidro (15 de mayo) y la festividad del Carmen (16 julio). La sabiduría hortelana sostiene que si se siembra a partir del 10 de julio el gorgojo no aparece después. La recolección empieza para la festividad de La Bien Aparecida (15 de septiembre) y termina sobre la festividad del Pilar (12 de octubre). Cada 3-4 días se va pasando por las calles a cosechar las vainas a medida que van secando. Con objeto de retirar el exceso de humedad, las vainas se extienden en una manta al sol. Una vez bien secas se procede a separar el grano de la vaina. Para la preparación del terreno, extender el estiércol, dar un pase de arado y unos días más tarde pase de rotavator para dejar la tierra lista para la siembra. Diseñar el marco de siembra, entre 80 cm a 1 metro las líneas, realizar los surcos y sembrar 2-3 semillas a golpes de 35-40 cm. Una vez han nacido las semillas, sallar. Esta operación debe realizarse en 2 o 3 ocasiones para retirar las hierbas competidoras. Si se acompaña la alubia con maíz, tenemos el entutorado listo; cuando el maíz tiene 50 cm de alto se le aporca bien de tierra para ayudar a la planta a combatir el aire. El entutorado hoy día se prepara con varillas o en espaldera a base de cuerdas y/o mallas; debe ponerse una firme estructura para sujetar correctamente el peso de la planta y las vainas.

Observaciones y curiosidades: El tiempo condiciona mucho la cantidad de cosecha, la falta de agua cuando saca la flor, el sol fuerte y la niebla son las dos causas que más merma la cosecha. Si se combina el carico y el maíz se crea una asociación alelopática positiva que beneficia a ambos cultivos. En el caso de que solo se siembre el carico, la propia leguminosa hace una excelente labor fijando nitrógeno en la tierra para los próximos cultivos. La rotación de parcelas será cada 3 o 4 años. El virus del Mosaico Común de las Judías y la Grasa Bacteriana de las judías son las dos situaciones que durante el manejo se pueden presentar en el cultivo del carico montañés. Es necesario para su control una observación metódica, hay que conocer los síntomas de estas enfermedades y arrancar y destruir todas las plantas al inicio de presentar síntomas. Variedad rústica con una excelente adaptación a las condiciones climatológicas y de suelo de Cantabria. Nutricionalmente, estamos ante una alubia con un alto contenido en proteínas, superior a la media de las alubias coloradas o rojas. Equilibrada en hidratos y grasas, contine todos los aminoácidos esenciales.

Conservación: Una vez secas y limpias, se ponen las alubias una o dos semanas en el congelador para evitar el gorgojo. La conservación en sacos de tela, papel o botes de cristal en un lugar fresco, seco y al abrigo de la luz.

4. Aspectos culinarios

Partes aprovechables: El grano en seco es la manera tradicional, aunque también se puede comer el grano en pocha o desgranadera.

Cualidades organolépticas: Es muy destacable el caldo sabroso que ofrece después de la cocción. La textura mantecosa y suave, además del sabor exquisito, son las características que determinan la calidad de esta alubia local.

Valoración gastronómica: El carico no necesita de atuendos y guarniciones para sorprender en el plato. Se cuece a fuego lento, con remojo si la alubia tiene varios meses o lleva más de un año recolectada. Hay dos versiones: unos cuecen las alubias con la compañía de cebolla, ajos, y al final un chorro de aceite crudo; y otros las cuecen con la cebolla bien picada y al final añaden un sofrito de cebolla y pimentón. El caldo es rojo, espeso y de sabor intenso pero muy sabroso. Combina bien con carnes, caza, pescados y mariscos, pero su alto valor proteico no lo hace aconsejable ni tampoco necesario. Excepcional por sus notas, matices y singularidades en boca. Estamos frente a una de las legumbres de mayor prestigio en nuestro país por tener un alto porcentaje proteínico en su composición nutricional, lo que la convierte en un alimento a considerar por su cualidad proteínica vegetal. El sabor hace de esta variedad un auténtico manjar, por ello se recomienda comer sin guarnición.

Recetas tradicionales: Olla de carros, caricos, ensalada de alubias de Trasmiera, alubia encarnada estofada a la montañesa, alubias rojas, alubias rojas de Guriezo, alubias de Trasmiera con jibia, alubias rojas con chorizo de Guriezo, alubia roja (carico) de Solares, caricos con chorizo, alubias rojas a la montañesa, alubias con jibia, cocido de carico montañés, caricos con rabo de buey, carico montañés estofado y caricones.

5. Datos culturales de la variedad

El alimento está identificado con el territorio: Sí.

El alimento es reconocido por la cultura gastronómica local: Sí.

El alimento está presente en el recetario tradicional cántabro: Sí.

El alimento está relacionado con alguna fiesta pagana y/o religiosa local: No.

El alimento se cultiva en la actualidad: Sí.

El alimento se comercializa en la actualidad: Sí.

Hortelanos/as: En torno a 12-15 personas.

6. Valoración global

Comercialización: Se estima que se podrían sembrar una cifra de unos 1.000 kg de carico en toda la comunidad, de ellos solo entre un 5-6% con semilla certificada, el resto con semilla heredada de las familias, intercambiada o comprada en mercados. En la actualidad todavía personas de 50 años y/o jubilados que mantienen el acervo de tener un huerto y siguen sembrando el carico para autoconsumo y algunos para venta local. La producción familiar será de unos 8-10 kg, y para venta en torno a los 20-30 kg. El cultivo para comercialización es minoritario; la cantidad de kilos podría oscilar entre los 80 o 100 kg de producción por persona y huerta. Resulta muy difícil sostener producciones tradicionales cuando se traen semillas que se venden como carico montañés a precios muy inferiores por un manejo de la alubia en extensivo y mecanizado. Es una evidencia que el carico montañés tiene una demanda muy grande, pero se debe poner encima de la mesa una cultura mayor sobre las legumbres locales. En la mano de todos está el recuperar buena parte de las mieses en cultivos para alimentación humana y generar una menor dependencia de la sociedad cántabra en materia alimentaria.

Situación actual: El potencial de la variedad es una realidad y confronta con la pérdida de cultura en torno a esta legumbre que tanto nombre da a esa tierra. Creer que lo que viene de fuera es mejor y puede sustituir las bondades y singularidades gastronómicas que dotan a esta semilla cuando se cultiva a orillas del Cantábrico, es como no ver diferencias entre el día y la noche. Divulgar y promover la cultura en torno a esta variedad histórica es una responsabilidad que nos concierne a todos, así como revitalizar la huerta local, edificar la labor de los profesionales del campo para recuperar el cultivo y encontrar el equilibrio entre consumo y producción local. La semilla que encontramos en los mercados locales con características similares al carico montañés en un porcentaje muy alto procede de otras regiones. Esta evidencia no favorece nada la vuelta al cultivo de esta variedad local y la recuperación de la cultura de forma íntegra. Una visión distinta a la hora vincular a la naturaleza y la sociedad es imprescindible para empezar a edificar una relación distinta entre la comida y la tierra. Es una prioridad que nos atañe a todos: crear sociedades menos dependientes y más autosuficientes en materia de alimentación en cada rincón del planeta. El carico es la alubia de mayor producción en Cantabria, se estima que anualmente se produzcan en torno a los 4.000 kg. La demanda del carico es tan grande que actualmente se trae de la Bañeza una alubia tipo carico que se comercializa como si fuera carico. El margen

Carico montañés de Gama.

que deja a los comerciales es mayor, pues se vende a menor precio que la que se cultiva en Cantabria. Frente a eso solo cabe un mayor control y transparencia. La clave está en afianzar una cultura alimentaria que ponga la verdad, el respeto a las tradiciones rurales y al planeta en el centro.

Singularidades y potencial del alimento. La singularidad de esta variedad radica en que se siembran anualmente alrededor de 1.000 kg y solo de 60 a 70 kg es semilla certificada. Hay semilla que se cultiva y comercializa que procede de generaciones anteriores, de intercambios entre hortelanos o traídas de otros territorios, pero que no cumple con la morfología del auténtico carico, además de estar en algunos casos contaminadas con el virus del mosaico. El potencial del cultivo de carico mecanizado en zonas con menor pluviometría es una opción para considerar, se puede realizar sin entutorar la planta. Produce menos, pero el margen de beneficio es mayor al bajar la mano de obra, por lo que los costes son menores. A pesar de la erosión genética de las legumbres en Cantabria, el carico es la alubia que tiene mayor potencial para mantener el cultivo por la cultura e historia que se ha construido en torno a él.

Semilla de carico de canela de Isla.

Ficha n.º 21

Carico de canela de Isla

1. Variedad tradicional

Nombre popular o local: Carico de canela, carico agarbanzado o alubia de ojo de perdiz.
Familia: Fabaceae.
Género: *Phaseolus.*
Especie: *P. vulgaris.*

Citas bibliográficas: Pascual Madoz señala que la producción en la huerta de Isla es de:

«Maíz, alubias, vino chacolí, de muy buena calidad, patatas, toda clase de legumbres y frutas; cría ganado vacuno, lanar, cabrío, y caballa, si bien corto número; caza de liebres y algunas perdices, y pesca de lobinos, congrios y otros pescados».

Pascual Madoz: *Santander Diccionario Geográfico-Estadístico-Histórico,* Salamanca: Ámbito/Estvdio, 1995.

169

Pereda, el novelista cántabro del periodo realista, recogió y describió muchas de las costumbres en torno a las tareas del campo y el alimento. Describe esta realidad:

> Con la *secura*, que no cesaba por seguir el tiempo al Sur, las mieses se pusieron hechas una bendición de Dios, y en la última semana de octubre no quedaba una caña de alubias sin *pelar* en las heredades, y las panojas, bien granadas y bien secas, iban a desprenderse ellas solas de los maíces, si muy pronto no las amontonaban sus dueños en el desván. Pero ¡con poco mimo las observaban éstos uno y otro día, para dejarlas expuestas a la voracidad de los cuervos, o a los riesgos del temporal que podía presentarse a la hora menos pensada! ¡El fruto de tantas fatigas, el pan de todo el año!

> José María de Pereda: *El sabor de la tierruca*,
> 4.ª ed., Madrid: Espasa-Calpe, 1973.

Valoración local. Isla es un pueblo que pertenece al municipio de Arnuero, a una media de 50 m sobre el nivel del mar. La tradición hortelana a lo largo de su historia ha sido muy importante, las huertas contiguas al núcleo principal y a los más de una docena de barrios que conforman la población lo evidencian de forma clara. Los terrenos destacan por su tierra arenosa, fértil, que drena muy bien y da unos matices muy interesantes a las legumbres y hortalizas que se cultivan. La cercanía al mar, además, es clave para dotar de una singularidad excepcional a sus cultivos. Esta variedad de alubia pertenece a una familia que lleva con ella cuatro generaciones. Juan Antonio Torralbo a sus 80 años todavía mantiene el entusiasmo de un chaval y anima a su hijo a mantener el cultivo. Sería la quinta generación, si llegara un nieto de Juan Antonio, pero no hay descendencia y no habrá relevo generacional. Antes era habitual encontrar esta variedad en las huertas, pero hoy probablemente no habrá más de media docena de hortelanos que la cultiven para autoconsumo. Esta alubia en Isla la conocen como carico por su forma redondeada. Es una variedad muy apreciada que se cultivaba tiempo atrás en la misma proporción que el carico montañés. Me hace saber la familia que lleva cultivando las dos variedades durante más de un siglo, que será el color más atractivo el del carico montañés, pero las mujeres en la cocina apreciaban más el carico de canela. Esta variedad en Casar de Periedo la conocen como «garbancera», en Carandía como «alubia ojo de perdiz» y en Portillo como «alubia de canela». La sabiduría hortelana octogenaria me ha indicado que el carico de canela tuvo muchísima aceptación, incluso algunos me han confirmado su predilección por el carico de canela antes que el rojo. Juan Antonio hereda de sus padres esta semilla que lleva más de un siglo en la casa. Podemos asegurar que estamos frente a otro monumento de la huerta cántabra.

2. Origen

Portal de casa de Juan Antonio Torralbo Rueda.

Localidad: Isla.
Comarca: Trasmiera.
Provincia: Cantabria.
Nombre donante: Juan Antonio Torralbo Rueda.
Evaluador: Ismael Ferrer Pérez.
Nombre productor: Juan Antonio Torralbo Argos.

3. Características morfológicas y agronómicas

Color, tamaño, peso y forma: Color canela, tamaño medio y forma elíptico lleno.

Fecha de siembra, cosecha y labores de campo: La fecha de siembra, desde final de abril (San Jorge) hasta mitad de mayo (San Isidro). La recolección empieza a finales de septiembre y alcanza todo el mes de octubre. Cada 3-4 días se van pasando por las calles hasta recoger las vainas a la medida que van secando. Para acabar de retirar la humedad de las vainas se extienden en una manta al sol para terminar el secado y posteriormente separar el grano de la vaina. Si el tiempo no acompaña por la presencia de lluvias durante la recolección, puede provocar una merma del 25% o incluso más. A la tierra se le da un pase de cultivador, y unos días antes de sembrar se pasa el rotavator, y el terreno queda listo para la siembra. Marcaje de los surcos a 80 cm de separación y siembra de 2-3 semillas a golpes espaciados de 30-35 cm. Antes se sembraba con el maíz, hoy se pone varilla para el entutorado. Es una variedad que hace mucho follaje o *zaramalla* y tiene una hoja muy grande, lo

171

que indica que el entutorado debe colocarse de manera muy segura. La otra labor importante es la de sallar, esta operación se hará en 2 o 3 ocasiones para retirar las hierbas competidoras.

Observaciones y curiosidades: Combinar la alubia y el maíz crea una asociación alelopática positiva que beneficia a ambos. Si se cultiva solo la alubia, la propia leguminosa hace una excelente labor fijando nitrógeno en la tierra para los próximos cultivos. La rotación de parcelas será cada 3 o 4 años.

La adaptación de la planta la protege de enfermedades. Esta variedad vegeta mucho y no permite ver las vainas durante el ciclo; al final de este, en dos o tres semanas, se desprende de gran parte de las hojas y muestra con claridad la producción y el conjunto de vainas antes escondidas. Si aparecen síntomas de alguna enfermedad, arrancar y destruir las plantas al inicio de ser identificados. La tierra de arena, como ocurre en la huerta de la localidad de Isla, filtra bien el agua, lo que hace que esta variedad haga su ciclo sin presentar enfermedades.

Conservación: Una vez secas y limpias, se ponen las alubias una o dos semanas en el congelador para evitar el gorgojo. La conservación en sacos de tela, papel o botes de cristal en un lugar fresco, seco y al abrigo de la luz.

4. Aspectos culinarios

Partes comestibles: El grano seco.

Cualidades organolépticas: Se cuece muy bien, hace un caldo muy sabroso. El carico de canela ofrece una textura mantecosa y muy homogénea en todo el albumen.

Valoración gastronómica: Históricamente, esta variedad se come sin acompañamiento, sin compango, salvo el sofrito de cebolla y pimentón; excepcionalmente se acompaña con un poco de chorizo. El carico de canela es extraordinario por su sabor. Ofrece notas y matices muy singulares, siendo destacable el caldo que sale de la cocción. Es una variedad para salvaguardar y difundir como parte del patrimonio alimentario y gastronómico de Cantabria.

Recetas tradicionales: El carico de canela se come sin compango, como mucho un trozo de chorizo, y al final de la cocción se añade un sofrito de cebolla y pimentón. Tradicionalmente solo se comía con compango la alubia blanca o de cocido. Carico de canela con sofrito y carico con chorizo.

5. Datos culturales de la variedad

El alimento está identificado con el territorio. Sí.

El alimento es reconocido por la cultura gastronómica local: Sí.

El alimento está presente en el recetario tradicional cántabro: Sí.

El alimento está relacionado con alguna fiesta pagana y/o religiosa local: No.

El alimento se cultiva en la actualidad: Sí.

El alimento se comercializa en la actualidad: Sí.

Hortelanos/as: Apenas 3-4 jubilados.

6. Valoración global

Comercialización: Esta variedad solo se cultiva para autoconsumo. La presencia en los mercados es menor que otras variedades, ello a pesar de su gran calidad gastronómica. El cultivo local es testimonial, se da en unas pocas familias para autoconsumo.

Situación actual: Otra variedad más en situación crítica; el mantenimiento y la presencia en las huertas tradicionales está en unas pocas manos. La importa-

Carico de canela de Isla.

173

ción de alubias de otros territorios y la pérdida de cultura alimentaria en torno a la huerta local está conduciendo a una erosión genética y gastronómica popular sin precedentes. Una variedad más donde el cultivo es testimonial y la cultura en torno a ella ha caído en el olvido. La venta de esta variedad procede de otras regiones o países, hecho que no favorece nada la vuelta al cultivo de esta variedad local. Una nueva manera de cohesionar la naturaleza y la sociedad es necesaria para poder empezar a construir un modelo alimentario que edifique y contribuya al cultivo de esta variedad.

Singularidades y potencial del alimento: Esta alubia forma parte del patrimonio alimentario de Cantabria por su singularidad. Culturalmente ha sido moneda corriente en la tierra cántabra durante dos siglos. Hoy, ante el abandono de las huertas y la pérdida de relevo generacional, volvemos a encontrarnos ante una situación que va a ser muy difícil corregir si no hay un cambio cultural y social en defensa del alimento local y la biodiversidad alimentaria. El potencial es indiscutible, pero hace falta una estrategia clara para poner en el centro de la cultura gastronómica de Cantabria el rol de esta variedad local. Promover y divulgar la cultura en torno a esta variedad histórica y recuperar el cultivo y consumo local son la llave para revitalizar la huerta local y edificar la labor de las personas que trabajan en el campo.

Semilla de alubia amarilla de La Revilla.

Ficha n.º 22

Alubia amarilla de La Revilla

1. Variedad tradicional

Nombres locales: Alubia amarilla, alubia canaria.
Familia: Fabaceae.
Género: *Phaseolus.*
Especie: *P. vulgaris.*

Citas bibliográficas: Las mujeres ganaderas de Orejo realizan un resumen de las tradiciones del pueblo. El libro cuenta las cosas más representativas de las vivencias propias en lo cotidiano de las familias. Aporta este apunte sobre las legumbres:

El resto de los alimentos son proporcionados en la propia explotación familiar. Puede decirse que todas las familias cultivan de 14 a 16 especies hortícolas en una superficie de 100-150 metros cuadrados, y algún frutal. Los

175

huevos son también caseros, surtidos por 12-14 gallinas. Algunas de las familias tienen 2 o 3 conejas madres, que, unidas a las legumbres, unos 100 kg por familia, 800-1.000 kg de patatas cosechadas y la leche, constituyen la base fundamental de la alimentación.

Las tradiciones de la localidad cántabra de Orejo narradas por sus mujeres, Santander: Institución Cultural de Cantabria, 1987.

Valoración local: La Revilla es una pedanía que pertenece al municipio de San Vicente de la Barquera, situado a 70 m sobre el nivel del mar. La alubia amarilla tiene aquí reconocida fama. Su cultivo y consumo se ha dado especialmente en las comarcas cercanas al mar. Esta semilla lleva un siglo en la familia de Samuel Álvarez; hablamos de una variedad de pie que años atrás se cultivó mucho, dada su rusticidad y fácil manejo, siendo una de las alubias más admiradas en Cantabria, y sorprende no hallar nada escrito sobre ellas. Todos los datos que los que disponemos son testimonios recogidos de forma oral. La cita que aporto en la ficha da una idea de la cantidad y el papel que desempeñaron las legumbres en las familias, pero no especifica las variedades cultivadas, que seguramente serían media docena.

Samuel Álvarez Román.

2. Origen

Localidad: La Revilla.
Comarca: Costa occidental.
Provincia: Cantabria.
Nombre donante: Abelina Román Blanco
Evaluador: Ismael Ferrer Pérez.
Nombre hortelano/a: Samuel Álvarez Román.

176

3. Características morfológicas y agronómicas

Color, tamaño, peso y forma: Color amarillo, tamaño medio, forma elíptico lleno.

Fecha de siembra, cosecha y labores de campo: La siembra, durante el mes de mayo, y la recolección en septiembre. Las vainas recolectadas se extienden en una manta al sol para terminar el secado y posteriormente separar el grano de la vaina. A la tierra se le da un pase de cultivador y unos días antes de sembrar se pasa el rotavator y el terreno queda listo para la siembra. Marcar los surcos a 90 cm de separación y siembra de 2-3 semillas a golpes espaciados de 30-35 cm. Sallar en 2 o 3 ocasiones para retirar las hierbas competidoras.

Observaciones y curiosidades: Es una variedad de porte bajo, rústica y de fácil manejo. La adaptación de la planta la protege de enfermedades. La propia leguminosa hace una excelente labor, fijando el nitrógeno en la tierra para los próximos cultivos. La rotación de parcelas será cada 3 o 4 años.

Conservación: Una vez secas y limpias, se ponen las alubias una o dos semanas en el congelador para evitar el gorgojo. La conservación, en sacos de tela, papel o botes de cristal en un lugar fresco, seco y al abrigo de la luz.

4. Aspectos culinarios

Partes comestibles: El grano seco.

Cualidades organolépticas: Buena cocción y sabrosa. Textura mantecosa y homogénea en todo el albumen.

Valoración gastronómica: Tradicionalmente se come sin compango; se prepara el sofrito de cebolla y pimentón, y excepcionalmente se acompaña con un poco de chorizo. Muy valorada por su color y sabor.

Recetas tradicionales: Alubia amarilla con chorizo.

5. Datos culturales de la variedad

El alimento está identificado con el territorio: Sí.
El alimento es reconocido por la cultura gastronómica local: Sí.
El alimento está presente en el recetario tradicional cántabro: Sí.
El alimento está relacionado con alguna fiesta pagana y/o religiosa local: No.
El alimento se cultiva en la actualidad: Sí.

Alubia amarilla de La Revilla.

El alimento se comercializa en la actualidad: Sí.

Hortelanos/as: Media docena de personas.

6. Valoración global

Comercialización: No hay comercialización.

Situación actual: La presencia y el cultivo de la alubia amarilla en las huertas tradicionales está en unas pocas manos. El cultivo es testimonial y la cultura esta desaparecida. La presencia de esta variedad en los mercados locales procede de otras regiones o países, aspecto que no favorece nada el regreso del cultivo de esta variedad local. Samuel mantiene esta variedad por su compromiso por salvaguardar un alimento secular en la región cántabra.

Singularidades y potencial del alimento: La singularidad de la alubia amarilla es una realidad por su papel dentro del patrimonio alimentario cántabro. El abandono de las huertas, la pérdida de relevo generacional y el nulo compromiso por educar y edificar la profesión de hortelano en el presente siglo dificulta la recuperación del cultivo. El potencial estriba en el compromiso de la sociedad por priorizar la cultura de esta variedad en el territorio local. Promover y recuperar el cultivo para poder tener un consumo en equilibrio con el respeto a la biodiversidad y la economía sostenible son herramientas poderosas para cambiar y proteger el mundo rural.

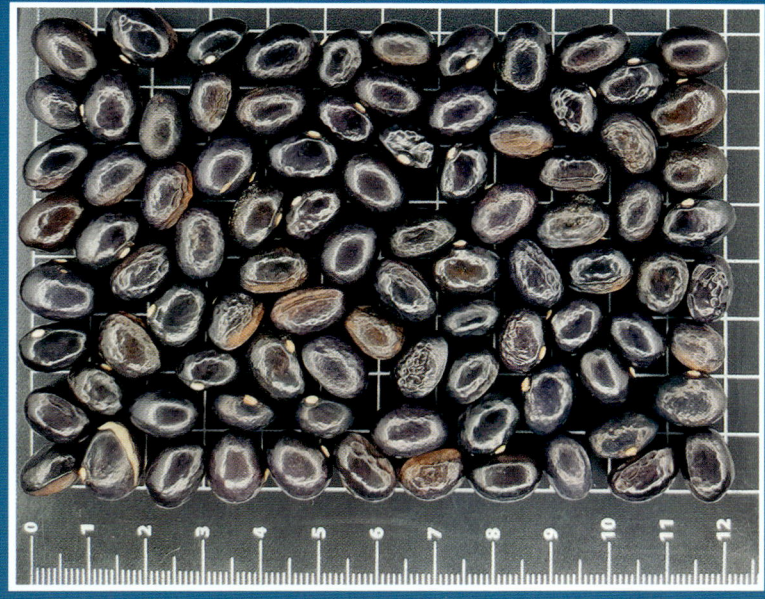

Semilla de judía
de manteca de
La Revilla.

Ficha n.º 23

Judía de manteca de La Revilla

1. Variedad tradicional

Nombres locales: Judía de manteca.
Familia: Fabaceae.
Género: *Phaseolus.*
Especie: *P. vulgaris.*

Citas bibliográficas: Sin referencias.

Valoración local: La Revilla es una pedanía que pertenece al municipio de San Vicente de la Barquera, situado a 70 m sobre el nivel del mar. Estamos frente a la judía de vaina de mayor interés culinario de Cantabria. La semilla procede de Mercadal, localidad que pertenece al municipio de Cartes. Abelina Román la heredó de su familia y la llevó a La Revilla, donde lleva más de un siglo en la familia; Samuel me hace saber que la cultivaban sus padres, su madre era muy hortelana. Samuel de niño iba con su madre los jueves al mercado de Torrelavega y los sábados al mercado de San Vicente de la Barquera; hoy todavía sigue montando pa-

179

rada en el mercado de San Vicente de la Barquera y satisface la demanda de los curiosos y los nostálgicos de su buen hacer en la huerta. Samuel me indica que de entre más de media docena de semillas tradicionales que conserva, siente predilección por la judía de manteca.

2. Origen

Localidad: La Revilla.
Comarca: Costa occidental.
Provincia: Cantabria.
Nombre donante: Abelina Román Blanco.
Evaluador: Ismael Ferrer Pérez.
Nombre productor: Samuel Álvarez Román.

3. Características morfológicas y agronómicas

Samuel Álvarez Román.

Color, tamaño, peso y forma: Vaina color amarillo, tamaño grande y ancha y forma plana.

Fecha de siembra, cosecha y labores de campo: Sembrar a partir de la festividad de San Isidro. Se pueden hacer varias siembras espaciadas para que la temporada se alargue más. Las primeras vainas se empiezan a recolectar a partir de la Virgen de agosto.

Observaciones y curiosidades: Su color es muy característico, y su nombre coincide con lo que se traduce en el paladar: es pura mantequilla.

Conservación: Se conserva en cámara y se consume fresca en los próximos 3-4 días desde su recolección. Otra fórmula es, una vez lavada, cortar y congelarla.

4. Aspectos culinarios

Partes aprovechables: Las vainas en fresco.
Cualidades organolépticas: Destaca por su textura y sabor.

Valoración gastronómica: Estamos frente a una singularidad de vaina. Es una curiosidad que enriquece el valor gastronómico de la huerta cántabra y permite su cocinado sin la adición de agua.

Recetas tradicionales: La receta que cuenta con más admiradores es la cocción de las vainas sin el uso de agua; vainas frescas lavadas y cortadas, acompañadas con tomate y cebolla rallados y un buen chorro de aceite, y todo el conjunto guisado a fuego lento. Hervidas con muy poca agua, escurridas y aliñadas con una raya de aceite es otra elaboración que no deja indiferente a nadie.

5. Datos culturales de la variedad

El alimento está identificado con el territorio: Sí.

El alimento es reconocido por la cultura gastronómica local: Sí.

El alimento está presente en el recetario tradicional cántabro: Sí.

El alimento está relacionado con alguna fiesta pagana y/o religiosa local: No.

El alimento se cultiva en la actualidad: Sí.

El alimento se comercializa en la actualidad: Sí.

Hortelanos/as: Samuel.

6. Valoración global

Comercialización: Para autoconsumo y para vender en el mercado de San Vicente de la Barquera. Hace más de 60 años que Samuel lleva las vainas de esta alubia al mercado.

Situación actual: Esta variedad es un símbolo de la huerta cántabra, aunque la realidad nos confronta de nuevo con una situación límite. La falta de relevo generacional y la escasa cultura social frente a esta judía de vaina hacen que esté en peligro de extinción. Samuel todavía cultiva ocho varie-

Judía de manteca de La Revilla.

181

dades tradicionales, entre hortícolas y legumbres, y la situación es dantesca, pues cuando la salud no le permita ir a la huerta, se perderá un patrimonio cultural hortícola y alimentario único. Samuel es un gigante, pero la ignorancia de la sociedad moderna frente al mundo hortícola priva a este señor de todos los honores y privilegios por su encomiable labor en defensa de la cultura alimentaria Cantabria.

Singularidades y potencial del alimento: La judía de manteca atesora singularidad y potencial, se mire por donde se mire; sería un gran error no potenciar el cultivo y la cultura en torno a esta semilla. Es un alimento de primer orden, su estacionalidad y cualidades culinarias lo deberían convertir en un tesoro de la cocina cántabra, como bien saben en la casa de Samuel. Un verdadero lujo que para la mayoría de los mortales está pasando desapercibido.

Semilla de alubia pinta de Matamorosa.

Ficha n.º 24

Alubia pinta de Matamorosa

1. Variedad tradicional

Nombres locales: Alubia pinta, frejoles.
Familia: Fabaceae.
Género: *Phaseolus.*
Especie: *P. vulgaris.*

Citas bibliográficas: Pascual Madoz señala que la producción en la huerta de Matamorosa es de:

«Trigo, centeno, cebada, legumbres, patatas y nabos; cría ganado vacuno, caballar, lanar y de cerda; caza mayor y menor, y pesca de truchas, anguilas, barbos y otros peces».

Pascual Madoz: *Santander. Diccionario Geográfico-Estadístico-Histórico,* Salamanca: Ámbito/Estvdio, 1995.

183

María Gloria Corpas alude a una receta de alubias con cordero donde apunta al final:

«... y para todo esto hay que saber qué clases de alubias son, que es una de las cosas más elementales tanto en comida como en codedura...».

María Gloria Corpas: *Cocina cántabra*, Madrid: M. G. Corpas, 1980.

El restaurante El Nuevo Molino, de Arce, presenta esta elaboración con alubias pintas que profundiza en las fórmulas tradicionales y da una versión actualizada en el presente siglo XXI. Esta es su receta:

Alubias pintas con liebre. Ingredientes: 300 gr. de alubia pinta, agua mineral, una liebre, una cebolla, 2 zanahorias, un pimiento verde, 3 litros de vino tinto, 2 dientes de ajo, un poco de pimentón. Elaboración: Para guisar la liebre: despiezar la liebre y dejarla macerar junto con la cebolla, la zanahoria, pimiento y el vino tinto, durante un día. Al día siguiente, guisar la liebre junto con las verduras, ¾ partes de vino, ¼ de agua y sal, siempre hasta cubrir y un poco más. Cuando este guisada, desmenuzar la carne y reservar. Para guisar las alubias: dejar en remojo un día antes las alubias. Al día siguiente prepararemos unas brasas en una olla ferroviaria, cuando esté la olla lista colocaremos las alubias, a las que previamente hemos añadido ½ cebolla y un pimento verde muy picado. Cubrimos de agua y dejamos guisar durante unas dos horas. Emplatado: En una cazuela doraremos un poco de ajo picado, cuando esté dorado echamos un poco de pimentón, las alubias y un poco de caldo del guiso de la liebre. Dejamos hervir un poco y rectificamos de sal. Por otro lado, calentamos la carne deshuesada de la liebre y la colocamos en un plato sopero. En la sala, el camarero servirá el guiso de alubias sobre la liebre.

Vera Cruz Fernández de la Reguera Díaz: *Estrellas bajo el cielo de Cantabria,* Cantabria: Gobierno de Cantabria, 2010.

Valoración local: La localidad de Matamorosa es capital del municipio de Campoo de Enmedio, situada a 855 m sobre el nivel del mar. La alubia pinta es una de las de mayor tradición en el entorno de Reinosa, aceptada y reconocida en la cocina popular. Felipe tuvo una carnicería hasta su jubilación y me hace saber que era la alubia que más vendía. La rusticidad, adaptación y manejo de la planta, hacían de esta variedad una de las preferidas para su cultivo en las localidades del sur de Cantabria.

2. Origen

Localidad: Matamorosa.
Comarca: Campoo-Los Valles.
Provincia: Cantabria.
Nombre donante: Fidel Gutiérrez «el Molinero».
Evaluador: Ismael Ferrer Pérez.
Nombre productor: Felipe de la Fuente Merino.

3. Características morfológicas y agronómicas

Color, tamaño, peso y forma: Color crema moteado, tamaño medio y forma elíptico semilleno.

Fecha de siembra, cosecha y labores de campo: La siembra se realiza en mayo, y para finales de septiembre se realiza la recolección. La labor en el campo se inicia al extender el estiércol en la parcela; volteado de la tierra con el arado y pase de cultivador. Sembrar en filas a 70 cm de distancia, poniendo 2-3 semillas por golpe a 25-30 cm. Desherbado una o dos veces. Cuando las vainas están secas se cosechan las plantas y las vainas, y se disponen a desecar hasta retirar el exceso de humedad.

Observaciones y curiosidades: En Matamorosa no hay tradición de comer esta alubia en desgranadera o pocha. Al ser una variedad de mata baja las labores se simplifican muchísimo, haciendo algo de guía y adaptándose bien a los suelos y climatología del sur de Cantabria. Variedad interesante para mecanizar los trabajos, productiva y rústica y su presencia hoy en el campo es testimonial. El cultivo de legumbres y su alternancia en tierras agrícolas o huertos es un aspecto para valorar y considerar por todos los beneficios que reporta a la tierra.

Conservación: Una vez secas y limpias, se ponen las alubias una o dos semanas en el congelador para evitar el gorgojo. La conservación en sacos de tela, papel o botes de cristal, siempre en un lugar fresco, seco y al abrigo de la luz.

Felipe de la Fuente Merino.

4. Aspectos culinarios

Partes comestibles: El grano seco.

Cualidades organolépticas: Buena cocción y ausencia de piel. Excelente sabor y textura.

Valoración gastronómica: Alubia con gran reconocimiento y aceptación en Cantabria. Se suele consumir sola o con la compañía de carnes de cerdo, cordero y caza.

Recetas tradicionales: Alubias pintas con cordero, alubias pintas con chorizo, alubias pintas con liebre.

5. Datos culturales de la variedad

El alimento está identificado con el territorio: Sí.

El alimento es reconocido por la cultura gastronómica local: Sí.

El alimento está presente en el recetario tradicional cántabro: Sí.

El alimento está relacionado con alguna fiesta pagana y/o religiosa local: No.

El alimento se cultiva en la actualidad: Sí.

Alubia pinta de Matamorosa.

El alimento se comercializa en la actualidad: Sí.

Hortelanos/as: Media docena de personas ya jubiladas.

6. Valoración global

Comercialización: No hay comercialización.

Situación actual: Hoy su cultivo es testimonial. Es una variedad con gran arraigo dentro de los hábitos culinarios, pero la procedencia de la alubia en la actualidad es de Castilla o importada de otros países. El cultivo de la variedad está en retroceso a pesar de ser una judía rústica, de fácil manejo y que permite poder mecanizarse la labor en el campo. Unas pocas familias mantienen el cultivo para autoconsumo y salvaguardar la variedad. Desconcierta y produce perplejidad ver cómo el cultivo de esta variedad en Cantabria es testimonial, considerando la historia que hay en torno a ella

Singularidades y potencial del alimento: Recuperar el cultivo y consumo sería un buen activo para devolver a esta alubia el protagonismo en su lugar de origen. La singularidad y el potencial respaldan a esta variedad local; el sabor, que es algo que a veces dejamos para el final, es el mejor argumento para respaldar su vuelta a las mesas.

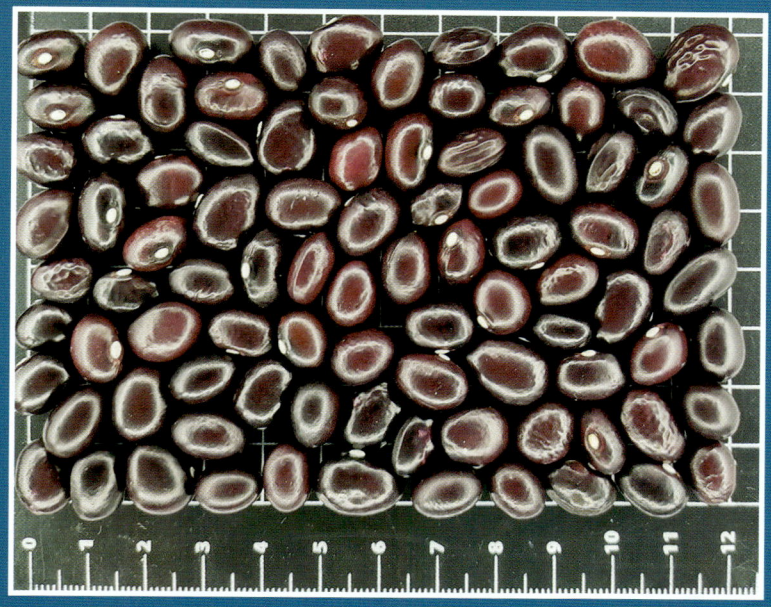

Semilla de alubia roja de Mazcuerras.

Ficha n.º 25

Alubia roja de Mazcuerras

1. Variedad tradicional

Nombres locales: Alubia roja o colorada.
Familia: Fabaceae.
Género: *Phaseolus.*
Especie: *P. vulgaris.*

Citas bibliográficas: En Cantabria llaman «ensaladas» a los cocidos o estofados de alubias:

La mesa se servía y el dueño iba señalando su sitio a todo el mundo, cediendo el suyo, con deferencia, al matador, según se tenía por costumbre. Se colocaban dos o tres grandes fuentes y los comensales se agrupaban en torno a ellas, yendo y viniendo tenedores y cucharas con mesura y condimento, tratando de no estorbarse; los anfitriones atendían a todos pródigamente y la cena discurría en una santa paz. Primero, las alubias en ensalada

189

primorosamente condimentadas; luego, la carne guisada con arroz o patatas y servida en la misma cazuela de barro donde se coció. Por último, los típicos boronos y el botillo del cerdo transformado en sabrosa morcilla por las inefables mondongueras.

Pedro Madrid Gómez: *La matanza del cochino en el valle de Polaciones*, Santander: Institución cultural de Cantabria, 1980.

La publicación *Comer en Cantabria* cita establecimientos donde el condumio se convertía en un acto de redención al gusto y a la cultura alimentaria; señala al respecto dos sitios donde la alubia roja siempre estaba presente:

En Solares hacemos una parada en el cruce, justo en «Casa Enrique», para probar sus alubias rojas, las setas, carne en general y de postre el tupinamba: cuando cenamos allí, estaba lleno de curas de la zona, párrocos que se arrejuntaban al atardecer —lo cual, junto con los camioneros y tratantes de ganado es señal de comida suculenta— para estarse hasta las tantas jugando la partida en amor y compañía.

Seguimos, sin comprobar estas comparaciones, en nuestro camino hacia una meta muy popular entre los gastrónomos: «Casa Sarabia» de Ampuero, con jamón traído ex profeso de Salamanca, salmón del río Asón, que cuenta con una docena de cotos enclavados entre Arredondo y Ampuero, y caza mayor de la zona, además de unas sabrosas y parcas alubias rojas para entrar en calor en temporada de fríos.

José Ramón Saiz Viadero: *Comer en Cantabria*, Madrid: Ediciones Penthalón, 1981.

Las mujeres ganaderas de Orejo describen las tradiciones del pueblo. El libro en el que ellas son las protagonistas narra las cosas más representativas de las vivencias de otra época, así como del modo del comer. Apuntan en él dos recetas sobre las alubias rojas:

Alubias rojas I: Ingredientes y cantidades: 500 grs. de alubias rojas, 100 grs. de chorizo, 100 grs. de tocino, 50 grs. de cebolla, 2 dientes de ajo, 200 c.c. de aceite, 10 grs. de pimentón, sal. Preparación: Se ponen las alubias a remojar durante 12 horas con una pizca de sal. Se ponen las alubias con el agua, chorizo, tocino y cebolla muy picada a fuego muy lento; de 4 a 5 horas, según sea necesario. Terminada la cocción se hace el sofrito con:

aceite, ajo, pimentón y sal. Se añade a las alubias y se deja seguir cociendo a fuego muy lento, hasta que espese el caldo.

Alubias rojas II: Ingredientes y cantidades: 1 taza de alubias rojas, 200 c.c. de aceite, ½ cebolla, 10 grs. de pimentón, 150 grs. de chorizo. Preparación: Se ponen a cocer las alubias, que previamente se habrán remojado. Se sazonan con aceite, cebolla, pimentón y chorizo. Se cuecen a fuego lento. Necesitan bastante tiempo para estar en su punto, siendo variable de acuerdo con el tipo de legumbre. Se remueven frecuentemente, moviendo la cazuela, no es aconsejable hacerlo con cuchara.

Las tradiciones de la localidad cántabra de Orejo narradas por sus mujeres, Santander: Institución Cultural de Cantabria, 1987.

Zacarías Puente señala una receta donde la protagonista es la alubia roja:

Alubias rojas de Guriezo. Ingredientes para 6 personas: ½ kilo de alubias rojas, 2 chorizos tía Laureana, 150 gr. de tocino, 1 morcilla de arroz, 150 gr. De panceta, ½ cucharada de pimentón. Para refrito; 1 cebolla, ½ pimiento rojo, 3 pimientos verdes, 1 vaso de vino tinto, 1 cucharada de harina. Preparación; Poner las alubias a remojo, con los productos del chon. Poner a cocer y cuando comience a hervir dejarla a fuego lento, removiendo la cazuela de vez en cuando para que queden esponjosas. Hacer el refrito y añadir, rectificar de sal y apartar para que reposen. Se sirve en cazuela de barro, con los ingredientes en trocitos.

Zacarías Puente: *La cocina de Cantabria*, Fuenterrabía: Imprenta Ondarribi, 1994.

La Comisión de Recetas de El Zapico, junto a cocineros cántabros, selecciona una elaboración con la alubia roja: «Alubias rojas a la Guriezana». La alubia roja cuenta con el reconocimiento y la admiración del pueblo cántabro; no cabe duda de que estamos frente a una de las semillas que tiene mayor popularidad y con una de las elaboraciones tradicionales más significativas de esta tierra.

Ingredientes: ½ kg. de alubias rojas. 2 chorizos caseros. 150 gr. de tocino. 1 morcilla de arroz. 150 gr. de panceta. ½ cucharada de pimentón. Para el sofrito: 1 cebolla, ½ pimiento rojo, 1 pimiento verde, 1 dl. de vino tinto, 1 cucharada de harina, aceite de oliva y sal. Elaboración: Se ponen las alubias a remojo con los productos del chon y el pimentón en agua fría la víspera. Se ponen a cocer y cuando comiencen a hervir, espumarlas y dejarlas cocer a fuego muy lento, removiendo la cazuela de vez en cuando para que queden esponjosas. Las alubias deben estar cociendo una hora y media, aunque depende de la calidad de las alubias. Sacamos el chorizo, la morcilla, el tocino y la panceta y lo picamos en trozos menudos. En una sartén con el aceite de oliva se sofríen las verduras que habremos picado finamente y cuando empiecen a tomar color le añadiremos la cuchara de harina, la rehogamos un momento, lo mojamos con el vino tinto y juntamos a las alubias. Le añadimos los ingredientes del chon que habíamos picado, lo dejamos cocer unos minutos y rectificamos de sal. Las retiramos del fuego y dejamos reposar. Las serviremos en cazuelas de barro acompañadas de su compango.

Recetario Zapico de la cocina de Cantabria,
3.ª Entrega, Cantabria: Gobierno de Cantabria, 2002.

Inés Butrón, en su pasión por la cocina, la escritura, los orígenes, las tradiciones y las mejores recetas, recoge sobre las legumbres de Cantabria:

En la huerta señala a Meruelo y Guriezo, que cuentan con alubias de excelente calidad.

En la ruta por el Saja-Besaya apunta, como es obvio, en Tudanca, Ruente, Ucieda o Carmona nos servirán un buen cocido montañés con compango, unas alubias rojas estofadas y la mejor ternera que vive y pasta en estos montes y prados.

En la ruta por los Valles Pasiegos señala, Con la leche de las vacas pasiegas se preparan también natillas, arroz con leche y cuajadas excelentes, una opción más que aceptable para finalizar un menú que bien podría estar compuesto por un cocido de alubias blancas y rojas estofadas -con sus imprescindibles tocino, morcilla y chorizo- y un chuletón de ternera blanca y tierna.

Inés Butrón: *Ruta gastronómica por Cantabria*,
Barcelona: Grup Editorial 62, S. L. U., 2009.

Valoración local: Mazcuerras es la capital del municipio de su mismo nombre, se encuentra a 135 m sobre el nivel del mar. Cuenta con gran tradición de huerta. El cultivo de esta variedad en la vega de esta localidad tuvo una importancia muy notable, tanto en lo económico como en lo social y culinario.

2. Origen

Localidad: Mazcuerras.
Comarca: Saja-Nansa.

Provincia: Cantabria.
Nombre donante: María Noval Hoyos.
Evaluador: Ismael Ferrer Pérez.
Nombre productor: Prudencio Rivero Noval.

Prudencio Rivero Noval.

3. Características morfológicas y agronómicas

Color, tamaño, peso y forma: Color rojo burdeos, tamaño medio y forma elíptico lleno.

Fecha de siembra, cosecha y labores de campo: La siembra, desde San Isidro a la primera semana de junio; y la recolección, en torno al mes de octubre. La tierra se pasa con cultivador y antes de la siembra con la fresa para dejar preparada la tierra. Las semillas se organizan por surcos o calles a 80 cm una de otra, y entre plantas a 40 cm. El riego es con el agua del cielo.

Observaciones y curiosidades: La planta está muy bien adaptada al territorio. Antes se combinaba con maíz, pero hoy se cultiva con tutores de hierro o madera.

Conservación: Una vez secas y limpias, se ponen las alubias una o dos semanas en el congelador para evitar el gorgojo. La conservación en sacos de tela, papel o botes de cristal, siempre en un lugar fresco, seco y al abrigo de la luz.

4. Aspectos culinarios

Partes comestibles: El grano seco.

Cualidades organolépticas: Alubia sabrosa de cocción fácil, excelente textura y ausencia de piel.

Valoración gastronómica. Gran aceptación por su sabor y el caldo que ofrecen.

Recetas tradicionales. Alubias en ensalada, alubia encarnada estofada a la Montañesa, alubias con chorizo, alubias rojas a la guriezana y alubias rojas.

5. Datos culturales de la variedad

El alimento está identificado con el territorio: Sí.

El alimento es reconocido por la cultura gastronómica local: Sí.

El alimento está presente en el recetario tradicional cántabro: Sí.

El alimento está relacionado con alguna fiesta pagana y/o religiosa local: No.

El alimento se cultiva en la actualidad: Sí.

El alimento se comercializa en la actualidad: Sí.

Hortelanos/as: Una docena de familias en la localidad para autoconsumo.

6. Valoración global

Alubia roja de Mazcuerras.

Comercialización: Se comercializan en venta directa a granel o en sacos de kilo.

Situación actual: Prudencio es el único que mantiene el cultivo profesional para comercializar. Dependiendo las condiciones del año pone a la venta unos 400 kg. Para que esta realidad siga presente, es clave la responsabilidad de la sociedad en la compra, especialmente la que está más próxima al cultivo y obtención de esta variedad. Si se da esta coyuntura, es probable que el relevo generacional de manera natural se dé como algo inherente al ciclo de la vida.

Singularidades y potencial del alimento: Es envidiable que esta variedad todavía esté presente. El potencial es una obviedad, y el significado que tiene para el devenir del territorio es de un valor incalculable y remarcable. Permanecer en el acomodo y no tomar la responsabilidad de promover iniciativas para el cultivo local es la peor noticia y ejemplo más negativo que podemos dar a los más jóvenes.

194

Semilla de carico del Valle de Miera.

Ficha n.º 26

Carico del Valle de Miera

1. Variedad tradicional

Nombres locales: Carico del valle, carico de casa.
Familia: Fabaceae.
Género: *Phaseolus.*
Especie: *P. vulgaris.*

Citas bibliográficas: Las mujeres ganaderas de Mirones aportan datos de gran valía sobre el modo de vida de su localidad. De manera significativa nos hablan sobre los oficios, las costumbres y la alimentación. Recogen una curiosa receta confeccionada con alubia roja:

> Dentro de los productos hortícolas tan solo se producían. Ajos, cebollas gallegas, judías, guisantes (arvejas), berzas, y cogollos. Las patatas no se producían o si se cultivaban eran en muy pequeñas cantidades, ya que el siglo pasado se traían de Espinosa de los Monteros.

195

Ensalada de alubias rojas. Ingredientes y cantidades: (para 5 personas) ½ kg. alubias, 3 dientes de ajo, 2 cebollas gallegas o media corriente, 2 pimientos rojos, aceite y sal. Preparación: Se lavan bien las alubias, se echan en un puchero de porcelana o hierro y se ponen a cocer, añadiéndoles los dientes de ajo picados pequeños, los dos pimientos, la cebolla, el agua y dos cucharadas de aceite. Se tienen cociendo de 4 a 6 horas, siempre a fuego lento. Cuando estén cocidas se arreglan con aceite frito con un diente de ajo, y se echa a la ensalada. Se dejan hervir retiradas del fuego lentamente, hasta que se sirvan. Las alubias nunca se deben echar a remojo, pues pierden el gusto natural. La ensalada hecha en cocina de leña está mucho más sabrosa que la cocina en gas.

Tradiciones y gastronomía Merachas. Santander:
Institución Cultural de Cantabria, 1987.

Zacarías Puente señala una receta de alubias rojas que proceden de Trasmiera: «Alubias de Trasmiera con jibia»:

Ingredientes para 6 personas: 500 g de alubias rojas (de Trasmiera), 1 puerro, 2 cebollas pequeñas, 1 pimiento verde, 2 dientes de ajo, 1 jibia de un kilo, 1 zanahoria, 10 cucharadas de aceite de oliva, sal, pimienta negra. Preparación: 10 minutos. Cocción: 90 minutos. Poner las alubias a remojo de víspera. Hervirlas al día siguiente poniéndolas en agua fría, en cantidad justa para que apenas las cubra, con tres cucharadas de aceite crudo, el puerro, la zanahoria, un diente de ajo y media cebolla, todo ello pelado, limpio y troceado. Cada 10 o 15 minutos interrumpir el hervor echando un poco de agua fría, repetir la operación unas tres veces hasta que las alubias queden tiernas y espesas. Retirarlas del fuego. Entre tanto limpiar la jibia, quitarle la tinta y los interiores, así como la piel. Trocearla en dados. En una cazuela poner el resto del aceite y poner a freír la cebolla picada y el otro diente de ajo, así como el pimiento verde bien picado. Cuando esté tierno y empezando a dorarse poner una pizca de pimienta negra y añadir la jibia, rehogándola durante 10 minutos. Cubrir de agua y que se vaya haciendo lentamente hasta que esté tierna y el agua se reduzca hasta una cuarta parte. Mezclar jibia y alubias, sazonar y dejar que hierva en conjunto muy lentamente unos 10 minutos.

Zacarías Puente: *La cocina de Cantabria*,
Fuenterrabía: Imprenta Ondarribi, 1984.

Valoración local: Mirones es una localidad del municipio de Miera que se encuentra a 215 m sobre el nivel del mar. Las mieses de Mirones han abastecido de alubias durante largo tiempo a su localidad y los pueblos colindantes. La variedad que aquí se cultiva cuenta con unas diferencias morfológicas que son fruto de la adaptación al hábitat. Durante años fue la despensa para abastecer a afamados restaurantes como Casa Enrique, en Solares. Leonor y su marido siguen el hábito de sus padres y custodian esta variedad como un autentico tesoro.

2. Origen

Localidad: Mirones.
Comarca: Trasmiera.
Provincia: Cantabria.
Nombre donante: Ricarda Trueba Abascal.
Evaluador: Ismael Ferrer Pérez.
Nombre productor: Leonor Gómez Trueba.

3. Características morfológicas y agronómicas

Color, tamaño, peso y forma: Color rojo con moteado en crema, tamaño medio y forma elíptico lleno.

Fecha de siembra, cosecha y labores de campo: La fecha de siembra tradicional, siempre que el tiempo lo permite, es el 10 de mayo, y la recolección en septiembre. Las labores comienzan con un estercolado de vaca, pase de cultivador y por último la fresa cuando se aproxima la fecha de siembra. Marcaje de surcos a 70 cm de ancho y a 35 cm por planta. Entutorado cuando nacen las semillas y desherbado en dos o tres ocasiones.

Leonor Gómez Trueba.

197

Observaciones y curiosidades: Variedad de mata alta, planta rustica, bien adaptada y con un comportamiento que no genera enfermedades.

Conservación: Una vez secas y limpias, se ponen las alubias una o dos semanas en el congelador para evitar el gorgojo. La conservación en sacos de tela, papel o botes de cristal, en un lugar fresco, seco y al abrigo de la luz.

4. Aspectos culinarios

Partes comestibles: El grano seco.

Cualidades organolépticas: Destaca por su sabor y textura.

Valoración gastronómica: El caldo que ofrece la alubia es excepcional. A la vez se admite bien la combinación con alimentos proteicos, tanto de la mar como de los animales de abasto.

Recetas tradicionales: Alubias de Trasmiera con jibia, ensalada de alubias rojas.

5. Datos culturales de la variedad

El alimento está identificado con el territorio: Sí.

El alimento es reconocido por la cultura gastronómica local: Sí.

El alimento está presente en el recetario tradicional cántabro: Sí.

El alimento está relacionado con alguna fiesta pagana y/o religiosa local: No.

El alimento se cultiva en la actualidad: Sí.

El alimento se comercializa en la actualidad: Sí.

Hortelanos/as: Media docena de jubilados.

6. Valoración global

Comercialización: Solo se cultivan para autoconsumo.

Situación actual: Es una verdad que suena cada vez con más fuerza y el ser humano parece no querer comprender. Asistimos a un cambio social y de vínculo entre los pueblos y las ciudades sin precedentes, situación que ha propiciado la degradación del papel de los hacedores del mundo rural. En Mirones, como en tantos pueblos de la península ibérica, la historia se repite, y el ser humano vuel-

Carico del Valle de Miera.

ve a tropezar en la misma piedra. Revitalizar la figura de la profesión del agricultor y valorar aquellos que protegen la identidad y biodiversidad local es una responsabilidad nuestra que irá en beneficio de las generaciones futuras. De no hacer nada, en unos pocos años se perderá la presencia de la semilla del carico de Mirones y la cultura en torno a ella. Gracias a Leonor y José Ángel por mostrarme el valor de esta semilla secular.

Singularidades y potencial del alimento: El carico es uno de los alimentos que cambió una parte importante de la historia de Cantabria. Es admirable observar las distintas variedades que podemos encontrar, y el carico de Mirones porta una belleza única. Las próximas generaciones juzgarán la salvaguarda del patrimonio alimentario local de la sociedad en este momento.

Semilla de alubia azul de Molleda.

Ficha n.º 27

Alubia azul de Molleda

1. Variedad tradicional

Nombres locales. Alubia azul o rebujina.
Familia. Fabaceae.
Género. Phaseolus.
Especie. *P. vulgaris.*

Citas bibliográficas: Pascual Madoz señala que la producción en la huerta de Molleda es de:

«Maíz, legumbres, frutas y pastos para el ganado que cría».

Pascual Madoz: *Santander Diccionario Geográfico-Estadístico-Histórico,*
Salamanca: Ámbito/Estvdio, 1995.

201

Las mujeres ganaderas de Orejo realizan un resumen de las tradiciones del pueblo. El libro que lo cuenta nos informa de las cosas más representativas de las vivencias propias en el ámbito cotidiano de las familias locales. Aporta este apunte sobre las legumbres en el capítulo de las hortalizas:

El resto de los alimentos son proporcionados en la propia explotación familiar. Puede decirse que todas las familias cultivan de 14 a 16 especies hortícolas en una superficie de 100-150 metros cuadrados, y algún frutal. Los huevos son también caseros, surtidos por 12-14 gallinas. Algunas de las familias tienen 2 o 3 conejas madres, que, unidas a las legumbres, unos 100 kg por familia, 800-1.000 kg de patatas cosechadas y la leche, constituyen la base fundamental de la alimentación.

Las tradiciones de la localidad cántabra de Orejo narradas por sus mujeres, Santander: Institución Cultural de Cantabria, 1987.

Valoración local: Molleda es una localidad del municipio de la Val de San Vicente, situado a 20 m sobre el nivel del mar. Esta variedad se ha cultivado en Cantabria; en las prospecciones realizadas en el presente siglo se ha localizado en varias localidades de la comunidad: San Mateo, Corrales de Buelna, Pámanes, Casar de Periedo, Molleda y Comillas. A esta alubia se la conoce también con el nombre de «rebujina». Algunas familias con tradición hortelana nos aseguran que es una variedad que se cultivó tiempo atrás por su mejor manejo y la rusticidad de la planta. La alubia está muy arraigada a la cultura rural; en la actualidad está en horas bajas, aunque hay varias acciones que están promoviendo su cultivo y comercialización dentro de la comunidad cántabra. La belleza del grano y la textura son dos atributos importantes; estamos hablando de singularidades muy concretas que son una seña de identidad a valorar y promover como una muestra a salvaguardar dentro del patrimonio alimentario local. Seguramente estemos ante una de las alubias que más llama la atención por el color de su piel. Florencio Ceballos, en la localidad de Molleda, situada en el occidente de la región, me confirma que la alubia azul tuvo un protagonismo en la huerta y en el mercado por su atractivo color. Javier Gutiérrez la cultiva en la actualidad en la finca María Luisa de Comillas para su comercialización. Resulta curioso y sorprendente que de esta variedad, que tanto llama la atención por su atractiva belleza y tiene una legión de admiradores en Cantabria, no aparezca nada escrito sobre ella, y todos los datos recabados son testimonios aportados de forma oral. La cita que aporto en la ficha da una idea de la cantidad y el papel que tuvieron las legumbres en las familias, pero no especifica las variedades cultivadas, que seguramente serían media docena.

2. Origen

Localidad: Molleda.
Comarca: Costa occidental.
Provincia: Cantabria.
Nombre donante: Florencio Ceballos González.
Evaluador: Ismael Ferrer Pérez.
Nombre productor. Javier Gutiérrez Mardaras.

3. Características morfológicas y agronómicas

Javier Gutiérrez Mardaras.

Color, tamaño, peso y forma: Color varios tonos de crema y azul, tamaño medio y forma elíptico lleno.

Fecha de siembra, cosecha y labores de campo: La siembra de esta variedad se puede realizar en filas a 60 cm de distancia, poniendo 3-4 semillas por golpe a 25 cm. En torno a la festividad de San Isidro (15 de mayo) se siembra hasta la festividad de San Antonio de Padua (13 de junio), dependiendo de las lluvias. Cuando las vainas están secas, se cosechan las plantas y las vainas; después, se disponen para su secado hasta retirar el exceso de humedad. Una vez bien secas, se desgranan las vainas para obtener el grano de manera manual. Un año de importantes lluvias en el mes de septiembre puede dificultar mucho la recolección y hacer perder parte de la producción. Las labores de campo comienzan con un pase de cultivador, abonado con estiércol de vaca y un pase de fresa antes de sembrar. La planta es de mata baja y hace algo de guía. Es, además, una variedad muy compacta y de mucho follaje, por lo que no precisa poner tutores. Las labores de desherbado se limitan a un único pase después de la nascencia, ya que rápidamente el suelo queda cubierto, impidiendo el desarrollo de más hierbas.

Observaciones y curiosidades: Variedad de ciclo corto, aclimatada a los suelos y a la climatología de Cantabria. La rusticidad de la planta minimiza la presencia de enfermedades. La alternancia y asociación de cultivos de esta alubia en campo o huertos es un aspecto que valorar y considerar por todos los beneficios que reporta a la tierra. Es una semilla que permite mecanizarse y facilitar los trabajos.

Conservación: Una vez secas y limpias, se ponen las alubias una o dos semanas en el congelador para evitar el gorgojo. La conservación en sacos de tela, papel o botes de cristal, en un lugar fresco, seco y al abrigo de la luz.

4. Aspectos culinarios

Partes comestibles: El grano seco y también admite el consumo en pocha o desgranadera.

Cualidades organolépticas: Su textura mantecosa y el caldo que resulta después de su cocción son atributos para considerar. La piel no se aprecia y el sabor es remarcable.

Valoración gastronómica: El color es muy significativo, un aspecto que la dota de gran interés culinario. Recomendable comer con poca o nada de guarnición proteica para disfrutar de todos sus atributos y características sensoriales. Se comen con la estimable compañía del sofrito de cebolla y pimentón. El resultado es insuperable, y es condición indispensable para disfrutar de su verdadero valor gastronómico.

Recetas tradicionales: Alubia azul con sofrito, alubia azul con cachón, ensalada de alubia azul.

5. Datos culturales de la variedad

El alimento está identificado con el territorio: Sí.
El alimento es reconocido por la cultura gastronómica local: Sí.
El alimento está presente en el recetario tradicional cántabro: Sí.
El alimento está relacionado con alguna fiesta pagana y/o religiosa local: No.
El alimento se cultiva en la actualidad: Sí.
El producto se comercializa en la actualidad: Sí.
Hortelanos/as: Entorno a una docena de hortelanos.

6. Valoración global

Comercialización. La Finca María Luisa de Comillas y el Herbolario La Salud de Cabezón de la Sal.

Alubia azul de Molleda.

Situación actual: El CIFA y la Red de Semillas de Cantabria están divulgando su cultivo por considerar que ofrece grandes beneficios respecto a otros cultivos. La finca María Luisa en Comillas cosecha alrededor de 50 kg de esta variedad anualmente. Los demás hacedores de esta variedad la destinan para autoconsumo. Hoy esta variedad es casi desconocida para los habitantes de Cantabria, aspecto que muestra una realidad palmaria sobre la desconexión del ser humano con el campo. La fortuna sonríe esta vez ante esta variedad gracias a la labor de recuperación de semillas que están haciendo en la Finca María Luisa de Comillas. La sociedad debe tomarse en serio y no descuidarse para promocionar y divulgar la cultura en torno a esta semilla.

Singularidades y potencial del alimento: Por su apariencia, podemos certificar que estamos ante una variedad tradicional inédita. No se han encontrado fiestas ligadas al cultivo y consumo de esta variedad local, pero sí podemos constatar que hay un gran interés en la localidad de San Mateo, a través de un colectivo de personas, en divulgar y promocionar esta semilla por su presencia y singularidad gastronómica. Llama la atención que una variedad tan singular por su belleza y su sabor no haya tomado un papel mayor en la cocina cántabra. Tiene un potencial muy grande y a la vez contrasta con la erosión genética y el éxodo de la población rural, que casi han llevado a esta semilla a desaparecer. La incorporación de esta semilla en la cultura agrícola y gastronómica de Cantabria es la llave para encontrar el equilibrio de la sociedad cántabra con la naturaleza local. Excelente paso para comenzar a construir un nuevo modelo alimentario entre el alimento y la tierra, a la vez que crear sociedades menos dependientes y más autosuficientes en materia de alimentación.

Semilla de moritos de Pesués.

Ficha n.º 28

Frijol o morito de Pesués

1. Variedad tradicional

Nombres locales: Frijoles, moritos, negritos.
Familia: Fabaceae.
Género: *Phaseolus.*
Especie: *P. vulgaris.*

Citas bibliográficas: Pascual Madoz señala que la producción en la huerta de Pesués es de: «maíz, alubias, patatas y pasto, cría ganados, caza de ánades en el invierno, y pesca de salmones y otros peces».

Pascual Madoz: *Santander. Diccionario Geográfico-Estadístico-Histórico,* Salamanca: Ámbito/Estvdio, 1995.

La colección de Cantabria; sus pueblos y costumbres, recoge recetas con alubia blanca, alubia roja, frejoles negros, garbanzos y lentejas.

Frijoles negros:

Ingredientes y cantidades: 1 taza de frijoles, 200 cc de aceite, ½ cebolla, 10 grs. de pimentón y el arroz equivalente a una taza de café. Preparación: Se ponen a cocer los frijoles, que previamente se habrán puesto a remojo. Se sazonan con aceite, cebolla y pimentón. Cuando están cocidos se les agrega un puñado de arroz; o bien se cuece aparte y se sirve separado; según gustos.

VV. AA.: *Las tradiciones de la localidad cántabra de Orejo narradas por sus mujeres*, Santander: Institución Cultural de Cantabria, 1987.

La Comisión de Recetas de El Zapico, junto a cocineros cántabros, seleccionan una receta donde aparece la alubia negra. El trabajo de selección, consenso y colaboración de este *egregor* de profesionales evidencia que esta variedad de alubia tuvo una presencia notable tanto en las huertas como en las cocinas familiares.

Negritos con arroz:

Ingredientes: 250 gr. de frijoles negros, ½ cebolla, 1 zanahoria, ½ tomate, 1 diente de ajo, 250 gr de arroz, ½ cebolla, aceite, sal, pimentón y caldo. Elaboración: Ponemos a cocer las alubias remojadas del día anterior con las verduras. Cuando las alubias estén tiernas retiramos las verduras y las trituramos con la túrmix. Rehogamos un poco de pimentón en aceite y lo añadimos a las alubias con las verduras trituradas. Cocemos unos minutos hasta que espesen un poco. Rehogamos el arroz y la cebolla entera en un poco de aceite, añadimos dos medidas de caldo por cada una de arroz y cocemos durante veinte minutos. Servimos las alubias y el arroz en el mismo plato sin mezclarlos.

Recetario Zapico de la cocina de Cantabria, 5.ª Entrega, Cantabria: Gobierno de Cantabria, 2004.

Valoración local. Pesués es la capital del municipio de Val de San Vicente, situada a 50 m sobre el nivel del mar. Esta variedad se ha cultivado de manera tradicional en el oeste de Cantabria, en las localidades más próximas a la costa. La población mayor tiene buen recuerdo del cultivo y consumo en las casas; en algunas familias era una de las alubias preferidas. Pesués es una localidad que se compone de siete barrios, donde la huerta ha tenido un papel reseñable para atender las necesidades de los pobladores. Luis Cordero ha mantenido el legado de los padres, cultivando y conservando todas las semillas heredadas.

2. Origen

Localidad: Pesués.
Comarca: Costa occidental.
Provincia: Cantabria.
Nombre donante: Romualdo Cordero y María Montes.
Evaluador: Ismael Ferrer Pérez.
Nombre productor: Luis Cordero Montes.

Luis Cordero Montes.

3. Características morfológicas y agronómicas

Color, tamaño, peso y forma: Color negro brillante, tamaño pequeño y forma elíptico semilleno.

Fecha de siembra, cosecha y labores de campo: Su siembra habitual, en abril; y tradicionalmente se volvía a sembrar después de arrancar las patatas en julio. Un pase de cultivador y fresa antes de preparar la tierra para la siembra. La siembra en surcos a 80-90 cm de separación y a golpes de 2-3 semillas cada 30 cm. Una vez nacen las plantas, hay que pasar el sallo para retirar las malas hierbas; esta operación se hará dos o tres veces.

Observaciones y curiosidades: Variedad rústica, de fácil manejo, mata baja y ciclo corto.

Conservación: Una vez secas y limpias, se ponen las alubias una o dos semanas en el congelador para evitar el gorgojo. La conservación en sacos de tela, papel o botes de cristal, en un lugar fresco, seco y al abrigo de la luz.

4. Aspectos culinarios

Partes comestibles: El grano seco.
Cualidades organolépticas: Buena cocción, textura agradable y sabor suave.

209

Valoración gastronómica: Alubia reconocida en Cantabria por su tamaño y color. La cocina popular la acompaña con arroz, una fórmula que hace de este plato una elaboración ideal tanto desde el punto de vista organoléptico como nutricional.

Recetas tradicionales: Frijoles negros, negritos con arroz.

5. Datos culturales de la variedad

El alimento está identificado con el territorio: Sí.

El alimento es reconocido por la cultura gastronómica local: Sí.

El alimento está presente en el recetario tradicional cántabro: Sí.

El alimento está relacionado con alguna fiesta pagana y/o religiosa local: No.

Moritos de Pesués.

El alimento se produce en la actualidad: Sí.

El producto se comercializa en la actualidad: Sí.

Hortelanos/as: Una docena de familias para mantener la semilla y el autoconsumo.

6. Valoración global

Comercialización: No hay comercialización de frijoles cultivados en Cantabria.

Situación actual: La realidad es la verdad, el momento por el que atraviesa esta variedad es preocupante, pues se mantiene entre alfileres de su desaparición total en la tierra cántabra. Unas pocas familias mantienen el cultivo contra pronóstico, su interés es claro, conservar la variedad y disfrutar con el consumo en casa.

Singularidades y potencial del alimento: El frijol, morito o negritos es la única variedad de color negro que se ha cultivado tradicionalmente en Cantabria. Su fácil manejo y rusticidad la convierten en una variedad a considerar para fomentar el cultivo entre los agricultores. En cocina es una semilla atractiva que da mucho juego para preparar una gran diversidad de platos. Es evidente que estamos frente a una alubia con un potencial relevante, y que hoy está siendo despreciada y arrinconada como otras tantas legumbres tradicionales.

Semilla de judía de vaina de Riocorvo.

Ficha n.º 29

Judía de vaina de Riocorvo

1. Variedad tradicional

Nombres locales: Judía de vaina, judía de casa.
Familia: Fabaceae.
Género: *Phaseolus.*
Especie: *P. vulgaris.*

Citas bibliográficas. Esta receta tradicional de la cocina cántabra, que apunta María Gloria, manifiesta el uso de este alimento:

Judías verdes a la montañesa. Ingredientes: 1 kilo de judías, 1 cucharada de aceite, 50 g de tocino fresco, 150 g de jamón y cebolla picada, 2 pimientos, 1 cucharadita de harina, 1 ramita de perejil y tomillo, 2 terrones de azúcar, sal y pimienta. Elaboración: En una cazuela al fuego se pone aceite con unos trocitos de tocino fresco. Cuando el tocino se haya derretido se agregan jamón y cebolla picados. Se tapa la cazuela y se deja un ra-

211

to al fuego. Se añaden después las judías, dejando que se hagan poco a poco al vapor.

> María Gloria Corpas: *Cocina cántabra*, Madrid:
> M. G. Corpas, 1980.

Esta compilación de recetas cántabras recoge dos elaboraciones con judías verdes, judías verdes con jamón y judías verdes con patatas:

> Platos tradicionales que hoy se prepararan en menor cuantía en las casas y restaurantes con judías procedentes de un origen lejano y donde la estacionalidad del alimento ha dejado de tener significado alguno.

> *La cocina tradicional de Cantabria*,
> Oviedo: Asturlibros, 1981.

El trabajo de prospección de la cultura alimentaria del libro *Comer en Cantabria* cita en Reinosa el Hotel Vejo, donde se alberga uno de los restaurantes de mayor prestigio, cuna de las afamadas pantortillas de Reinosa. Aporta una receta especialidad de la casa donde las judías verdes naturales son uno de los ingredientes destacables:

> Menestra de verduras. Ingredientes: ½ kilo de judías verdes naturales, ½ kilo de alcachofas naturales, ½ kilo de cebollas, ½ kilo de patatas tipo avellana, ½ kilo de guisantes naturales, 250 gr de jamón natural en lonchitas, 2 litros de caldo de carne. Elaboración: Se limpian todas las verduras y se dejan escurrir para poner a continuación, en una cazuela suficiente para las ocho raciones, la mantequilla y los huevos. Se juntan, se echan las verduras, se refríen como seis minutos y después de echado el caldo se deja cocer todo como unos veinte minutos. Finalmente se sirve en una fuente muy caliente y se adorna con medios huevos duros y unos trocitos de carne guisada.

> José Ramón Saiz Viadero: *Comer en Cantabria*,
> Madrid: Ediciones Penthalon, 1981.

Zacarías Puente recoge esta receta con vainas frescas:

> Judías verdes. Vainillas. Ingredientes para cuatro personas: 1 kilo de judías verdes vainillas, 8 cucharadas de aceite, 3 dientes de ajo, sal. Elaboración: Cortar los extremos a cada judía, si es tierna no precisa quitarle el hilo de la parte interior, en caso contrario sí. Cortarlas en trozos de 5 cms. En

un puchero poner abundante agua con sal. Cuando empiece a hervir. Echamos las judías y dejamos que hiervan a fuego medio durante ¼ de hora. Si se van a consumir inmediatamente escurrirlas, si las reservamos para otra hora conservarlas en el agua de cocción. Una vez escurridas rociarlas con el refrito de aceite y ajos.

Zacarías Puente: *La cocina de Cantabria,*
Fuenterrabía: Imprenta Ondarribi, 1994.

La obra de Sofía y Víctor confirma el cultivo local de judías verdes en Cantabria y el uso en la cocina popular, aportando cuatro recetas tradicionales:

«Judías verdes de Cantabria, judías verdes al vapor, menestra de verduras y menestra de verduras frescas».

Sofía Fernández y Víctor Alperi: *Cocina y gastronomía de Cantabria,*
Madrid: Ediciones Pirámide, S. A., 1998.

La primera entrega del recetario de Zapico recoge una receta con judías, donde llama a las judías «frejoles», a la vez que cita la procedencia de la receta. La elaboración evidencia un cultivo y consumo de vainas locales que no guarda comparativa alguna con la realidad actual:

Frejoles verdes del valle de Bedoya. Ingredientes: 1 kg frejoles, ½ kg de cebolla roja, ½ kilo de tomates naturales, aceite de oliva. Elaboración: Se casca el apéndice de los frejoles y se cortan en trozos de 2 a 3 cm. Picar la cebolla, no muy fina y el tomate. Ir formando, en una cazuela, capas de cebolla, frejoles y tomate, todo en crudo hasta llenarla, sazonar con sal y echar un chorro de aceite; ponerlo a cocer a fuego muy lento tapándolo una hora aproximadamente. Es opcional un poco de ajo con la cebolla o bien para presentar el plato con un refrito. Al ser el frejol de Bedoya (Liébana), no hace falta quitarle la hebra del costado.

Recetario Zapico de la cocina de Cantabria,
1ª Entrega, Cantabria: Gobierno de Cantabria, 2000.

El libro *Cantabria gastronómica* muestra esta receta con judías verdes:

Judías verdes. Ingredientes: 500 gr de judías verdes, 2 dientes de ajo, 2 patatas medianas, aceite de oliva, pimentón y sal. Elaboración: Cortamos las judías en trozos regulares, pelamos y cascamos las patatas. Ponemos un puchero al fuego con agua y sal, añadimos las judías y las patatas, dejándolo cocer unos quince minutos. Escurrimos las judías y preparamos un refrito con el aceite, el ajo, y el pimentón. Con este refrito, rociamos las judías.

José Antonio Esteban: *Cantabria gastronómica,*
Cantabria: Gráficas Imgraft, 2002.

La Comisión de Recetas de El Zapico, con la colaboración de cocineros cántabros, seleccionó dos recetas donde interviene la judía verde:

«Menestra Campurriana y olla de carros».

Recetario Zapico de la cocina de Cantabria,
4ª Entrega, Cantabria: Gobierno de Cantabria, 2003.

En esta recopilación de recetas se reconocen a las vainas con el nombre local de *troncheras*. Estamos ante una elaboración tradicional hoy casi desaparecida, una receta actual por la ausencia de agua para su ejecución, y que refuerza la idea de la sostenibilidad desde mucho tiempo atrás:

Judías verdes estofadas con jamón y tomate. Ingredientes: ½ kilo de judías, ½ kilo cebolla pequeña, 1 diente de ajo, 50 gr de jamón, 1 tomate natural, aceite y sal. Elaboración: Para conseguir un buen estofado es necesario que las judías sean muy tiernas. Quitar los hilos, hacer un corte por medio a lo largo de la vaina y cortarlas en trozos. Poner las judías en una cazuela, sin nada de agua, y añadirles los siguientes ingredientes: la cebolla y el ajo finamente picados, el tomate pelado y partido en trozos muy pequeños y el jamón cortado en cuadros. Sazonar todo con un poco de sal (poca, pues el jamón soltará algo) y cubrir todo con una ligera capa de aceite. Tapar la cazuela y ponerla a fuego moderado; tienen que hacerse muy despacio, con su propio vapor, sin añadir nada de agua.

Concepción Herrera de Bascuñán: *Cocina tradicional*
Cantabria, León: Editorial Everest, 2009.

Valoración local: Riocorvo es una localidad que pertenece al municipio de Cartes, situada a 55 m sobre el nivel del mar. Esta variedad lleva cultivándose en la huerta «La Serna» de Riocorvo más de tres generaciones. Para los habitantes de esta localidad, es una variedad histórica y que cuenta con el reconocimiento de

Valentín Ruiz Gutiérrez.

toda la población. Admite también el consumo del grano seco, aunque la predilección es el consumo de las vainas tiernas.

2. Origen

Localidad: Riocorvo.
Comarca: Besaya.
Provincia: Cantabria.
Nombre donante: José Antonio Ruiz Gutiérrez.
Evaluador: Ismael Ferrer Pérez.
Nombre hortelano/a: Valentín Ruiz Gutiérrez.

3. Características morfológicas y agronómicas

Color, tamaño, peso y forma: Vaina color verde, tamaño grande y larga y forma plana.

Fecha de siembra, cosecha y labores de campo: La siembra, tradicionalmente, se hace la primera quincena de mayo, y a los 40 días se empieza a comer vainas. Pase cultivador, estercolado de vaca y pase de fresa unos días antes de la siembra. Preparación de los surcos a 80 cm de separación y la siembra a golpes a 25 cm de distancia. Entutorado al nacimiento de las plantas y desherbado varias veces con el sallo. Regar si el agua del cielo no acompaña.

Observaciones y curiosidades: Las vainas para comer en fresco alcanzan los 25 cm de largo. Las vainas que se dejan para secar y coger semilla miden los 30 cm de largo y sacan entre 8 y 10 granos. Esta variedad admite 3 golpes de siembra: mayo, junio, mitad de julio e incluso a primeros de agosto. Más tarde, ya no es posible, pues el tiempo no le permite hacer el ciclo.

Conservación: Se conserva en cámara y se consume fresca en los próximos 3-4 días desde su recolección.

4. Aspectos culinarios

Partes comestibles: La vaina tradicionalmente y el grano seco.

Cualidades organolépticas: La textura y el sabor son destacables.

Valoración gastronómica: Es una variedad que admite los dos usos en cocina, el grano seco es manteca pura. Las vainas son un tesoro por su tamaño, textura y terneza.

Recetas tradicionales: Judías verdes con patata y aceite, judías verdes con sofrito de chorizo o morcilla del año, judías verdes estofadas con jamón y tomate, menestra campurriana y olla de carros.

5. Datos culturales de la variedad

El alimento está identificado con el territorio: Sí.

El alimento es reconocido por la cultura gastronómica local: Sí.

El alimento está presente en el recetario tradicional cántabro: Sí.

El alimento está relacionado con alguna fiesta pagana y/o religiosa local: No.

El alimento se cultiva en la actualidad: Sí.

El alimento se comercializa en la actualidad: Sí.

Hortelanos/as: Alrededor de diez casas mantienen el cultivo en la localidad.

Judía de vaina de Riocorvo.

6. Valoración global

Comercialización: Se cultiva para autoconsumo en las casas.

Situación actual: Dada la aceptación y el respeto en Riocorvo por esta variedad se mantiene el cultivo, aunque hay que señalar que para los más jóvenes cada vez es más difícil mantener el ciclo heredado del campo. Edificar una cultura en torno a esta variedad lograría encumbrarla y ponerla como elemento de primer orden a salvaguardar y dejar en herencia a las próximas generaciones.

Singularidades y potencial del alimento: Por todos los atributos que ofrece en la mesa, estamos ante un alimento que debería convertirse en un elemento vertebrador y aglutinador dentro de la sociedad cántabra. En Riocorvo es un monumento, despreciarlo sería cometer un error inconmensurable por la pérdida que representa para la localidad y la región.

217

Haba

dolos con una cuchara de palo. Se agrega un poco de harina, removiéndolo bien, y luego se ponen las habas, que ya se habrán limpiado, perejil, tomillo, un poco de azúcar, una pizca de pimienta y sal. Se cubre todo ello con un cuarto de litro de agua o vino blanco. Se tapa la cazuela y se deja que vaya guisándose en el vapor.

María Gloria Corpas: *Cocina cántabra*, Santander: M. G. Corpas, 1980.

La publicación de Carlos García y Manuel Arroyo aporta dos recetas con habas:

«Habas frescas con queso de cabra y Habas a la Montañesa».

Manuel Arroyo González y Carlos del Cerro García: *La cocina moderna en Cantabria*, Madrid: Espasa–Calpe, 1990.

José Antonio Esteban recoge dos recetas de habas:

De Rasines: Habas tierna con tortilla y otra elaboración de la localidad de Santiurde de Toranzo: Habas a la Montañesa. Ingredientes: 500 gr. de habas sin vaina, 50 gr. de jamón, 50 gr. de tocino, 1 pimiento rojo, 1 cebolla, harina, caldo de carne, aceite de oliva, perejil, pimienta y sal. Elaboración: Ponemos una cazuela de barro al fuego con el aceite, el tocino y el jamón, lo rehogamos y añadimos los pimientos, la cebolla bien picada y una pizca de harina. Se añaden las habas con el perejil, se salpimienta y se cubre con el caldo, se deja hacer a fuego lento.

José Antonio Esteban: *Cantabria gastronómica*, Cantabria: Gráficas Imgraft, 2002.

Valoración local: Lamadrid es una localidad del municipio de Valdáliga que se encuentra a 115 m sobre el nivel del mar. El área de cultivo de esta semilla estuvo muy extendida por toda la comunidad cántabra como forraje para las vacas, y las vainas más tiernas estaban destinadas para consumo humano. Hasta hace tan solo unas décadas era habitual el cultivo y consumo; en la actualidad ha caído en el olvido por la poca actividad que hay en las huertas. La rusticidad de la planta y la excelencia de su aportación en fresco para satisfacción en la mesa eran muy apreciadas. El haba llenaba un espacio en el calendario alimentario local, y era ingrediente de numerosas recetas. El consumo en seco era otra opción, pero habitualmente se comían las vainas más tiernas en fresco y los granos más hechos en verde. La semilla es fruto de una prospección de la red de semillas de Cantabria en el año 2005. Ana Rodríguez mantiene el cultivo de esta semilla local después de una selección realizada con otras habas locales. El comportamiento en el campo y sus frutos dotan a esta variedad de una singularidad a valorar y mantener.

2. Origen

Localidad: Lamadrid.
Comarca: Costa Occidental.
Provincia: Cantabria.
Nombre donante: Virgilio García Pérez.
Evaluador: Ismael Ferrer Pérez.
Nombre productor: Virgilio García García.

Virgilio García García.

3. Características morfológicas y agronómicas

Color, tamaño, peso y forma: Color de la vaina verde, tamaño pequeño y largo de unos 8-10 cm.

Fecha de siembra, cosecha y labores de campo: Tradicionalmente, la siembra directa en surcos entre noviembre y diciembre, aunque se puede hacer otra siembra tardía en enero para alargar la estacionalidad. La recolección se realiza en los meses de mayo y junio. Un pase de arado y luego de cultivador deja la tierra preparada para después realizar los surcos para la siembra. Variedad rústica que se siembra en eras a dos surcos. A golpes de 30 cm, sembrando 2-3 semillas.

Observaciones y curiosidades: El haba en los huertos es de gran interés para rotar cultivos. Presenta tallos fuertes, altura de media y vainas grandes. La planta no es muy exigente, y en la tierra de huerta se cultiva con gran facilidad. Se puede asociar con espinacas, que ayudan a reducir los ataques de pulgón, o con canónigos que se ven muy favorecidos por la sombra del haba. Es bastante frecuente el pulgón negro, que no es necesario tratar y que servirá para atraer y criar insectos depredadores del pulgón. Esta fauna auxiliar ayudará, luego en junio, a controlar un posible ataque a las judías. La rusticidad de la planta, de forma generalizada, no precisa tratamientos.

Conservación: Se consume fresca, tanto si es vaina como en grano. La conservación es de varios días a una semana en la nevera, entre 4° y 6° C.

4. Aspectos culinarios

Partes comestibles: La vaina tierna y el grano fresco. La semilla seca es lisa, con forma aplanada y de color marrón-naranja.

Cualidades organolépticas: El haba presenta sabores herbáceos, textura tierna y es muy agradable al paladar. Combina muy bien con quesos, tomate, salteada con carnes y combinada con otras alubias en guisos o potajes.

Valoración gastronómica: Se come la vaina entera cuando es pequeña, y el grano con piel o sin ella cuando es grande. Combina muy bien con quesos, tomate, salteada con carnes o en guisos y potajes.

Recetas tradicionales: Habas a la montañesa, habas frescas con queso de cabra, habas tiernas con tortilla, habas al estilo de Santander y tortilla de habas tiernas.

5. Datos culturales de la variedad

El alimento está identificado con el territorio: Sí.
El alimento es reconocido por la cultura gastronómica local: Sí.
El alimento está presente en el recetario tradicional cántabra: Sí.
El alimento está relacionado con alguna fiesta pagana y/o religiosa local: No.
El alimento se cultiva en la actualidad: Sí.
El alimento se comercializa en la actualidad: No.
Hortelanos/as: Media docena de personas.

6. Valoración global

Comercialización: En la actualidad, el cultivo es para autoconsumo.
Situación actual: El haba es un alimento de gran interés, pero cierto es que en la actualidad no está muy presente en los menús familiares y en la oferta gastronómica de la restauración, pero eso no le resta sus atributos gastronómicos y nutricionales. Es deseable que se promocione y divulgue el cultivo de esta leguminosa por el extraordinario papel que hace en la cocina de primavera. Por tanto,

Haba de Lamadrid.

es importante devolver el protagonismo y su cultura a la la cocina popular. Sería un error no hacer nada por recuperar su presencia en las huertas y en las cocinas. La estacionalidad de este alimento y sus atributos sensoriales son importantes y tristemente poco valorados en las últimas décadas por culpa de unos hábitos alimentarios que nos están alejando de la relación y el vínculo inmemorial entre el ser humano y el territorio. El cultivo es limitado en toda la región por cuestiones de mercado e influencias de otras culturas, por lo que hace que su consumo se haya reducido a la mínima expresión en Cantabria. Hay que destacar que su fácil manejo en la huerta y su poder nutricional son argumentos suficientes para recuperar e incentivar el cultivo y consumo.

Singularidades y potencial del alimento: La sociedad debería volver a introducir este alimento en las huertas y en las mesas. Sería una lástima perder algo que formó parte en la alimentación familiar durante generaciones. Es una responsabilidad de todos volver a darle su espacio y consideración alimentaria. El potencial es claro desde un punto de vista gastronómico, nutricional y de la diversidad, por lo que es una necesidad recuperar el consumo de esta legumbre tradicional.

Guisante

Semilla de arvejas de Bustamante.

Ficha n.º 31

Arveja de Bustamante

1. Variedad tradicional

Nombres locales: Arvejas.
Familia: Fabaceae.
Género: *Pisum*
Especie: *P. sativum.*

Citas bibliográficas: Pascual Madoz nos deja constancia del cultivo de arvejas en estas localidades de Cantabria:

«Barago en Liébana, Enterrías, Lantueno en Reinosa, Laredo, Suesa cerca de Somo, Valle de Cabuérniga cerca de Cabezón de la Sal y San Vicente de León cerca de Arenas de Iguña».

Pascual Madoz: *Santander. Diccionario Geográfico-Estadístico-Histórico,* Salamanca: Ámbito/Estvdio, 1995.

229

María Gloria Corpas describe esta receta sobre arvejas:

Arvejas con patatas y chorizo. Esta receta, típica de Requejo (Reinosa), se prepara con arvejas muy maduras, patatas de la zona y chorizo casero. Tienen que hacerse a fuego lento.

María Gloria Corpas: *Cocina cántabra*, Santander:
M. G. Corpas, 1980.

Manuel García-Corral nos brinda un apunte de interés sobre el consumo de las arvejas en el valle de Valdeolea, situado en la comarca de Campoo-Los Valles:

El año de esta verídica historia, que no figura en los anales patrios, era Basilio guarda de las mieses, prados y campos de Mataespinos. Y como además del sueldo tenía una parte en las prendadas, era todo ojos y todo oídos para atisbar cualquier res, desmandada o perdida, que estropeara las sembraduras y praderas. Le ayudaba en el empeño su mujer, aún a trueque de tener abandonada la casa y quemarse, más de una vez los titos o arvejas que en aquella casa se comían de ordinario.

Manuel García-Corral Gómez: *De mi valle*, Bilbao:
Imprenta Grafistán, S. A. L, 1988.

Zacarías Puente recoge un plato de la localidad de Lamiña, en el municipio de Ruente, donde aparecen las arvejas: «gallina con arroz y arvejos», plato del que también da el nombre del informante: Jaime:

Ingredientes: 1 gallina, 1 cebolla, 2 zanahorias, 4 ajos, 2 pimientos verdes, ½ taza de arvejos, 1 ramos perejil, 1 copa de vino blanco, 2 tazas de arroz. Preparación: 20 minutos. Cocción: 140 minutos. Sangrar la gallina desplumada y chamuscarla a la lumbre. Al día siguiente, trocearla y ponerla a cocer con la cebolla, ajo, zanahoria, pimiento verde, perejil y el vino. Después de sofrito, dejar cocer dos horas. Con el caldo podemos hacer una sopa de fideos. Con la carne en una cazuela, agregar el arroz y rehogarlo. Agregamos el agua, 4 tazas de caldo y los arvejos y dejamos hervir durante 20 minutos. Rectificamos de sal y dejamos reposar 5 minutos. En este pueblo de Lamiña es típico correr la gallina y Jaime es en ello especialista. Y además al día siguiente de correrla lo mejor es comerla con esta buena receta.

Zacarías Puente: *La cocina de Cantabria*,
Fuenterrabía: Imprenta Ondarribi, 1994.

Reseña valiosa la que subraya esta revista de Campoo, donde la arveja tuvo su lugar en la alimentación de las personas:

El cansancio del consumidor ha sido siempre su enemigo más acuciante, aunque, es justo decir, que también se ha admirado cierta variación, si se tiene en cuenta el consumo de otras legumbres, especialmente las arvejas, que en tiempos pasados se cultivaron en casi todo Campoo, en sus tres variedades de parda, negra y blanca, está para consumo humano. La arbeja ha tenido muchas alternativas, a causa, principalmente, de la dificultad de su conservación; pero ha seguido teniendo aliciente de su apetitosa sopa con el pan de la tierra y la legumbre que estaba siempre bien guarnecida con atributos del cerdo, oreja especialmente.

Cuadernos de Campoo. Número 23, marzo 2001.

El recetario Zapico ofrece una receta y un apunte con el uso de esta legumbre:

Arbejas con codillo de jamón. Las arbejas es una legumbre muy parecida al guisante, pero más grande y seca. Antes de guisarla hay que ponerla a remojo igual que el garbanzo. La zona donde situar esta legumbre en Cantabria es la zona campurriana.

Recetario Zapico. *La cocina de Cantabria*, 2.ª Entrega, Santander:
Consejería de Industria, Turismo, Trabajo y Comunicaciones, 2001.

José Antonio Esteban describe dos recetas con arvejas. La primera procede de la Hermandad de Campoo de Suso: «Arbejas con codillo de cerdo»:

500 gr. de arvejas, 2 chorizos, 1 codillo de cerdo, 1 cebolla, 1 pimiento verde, aceite de oliva y sal. Las arvejas son unas legumbres muy parecidas al guisante. Después de haberlas tenido a remojo, ponemos una cazuela al fuego, con los chorizos, el codillo, la cebolla y el pimiento muy picado. Al pri-

mer hervor, añadimos las arvejas y un chorro de aceite de oliva, sal y dejamos cocer una hora y media.

La otra receta la cita en Penagos: «Arbejillas con patatas», y dice:

500 gr. de arbejillas, 4 patatas nuevas pequeñas, 2 cebollas pequeñas, 1 diente de ajo, aceite de oliva, agua y sal. En un puchero con agua hirviendo ponemos las arbejillas, un chorro de aceite, la sal y lo dejamos cocer una hora. Añadimos las patatas nuevas enteras y las cebollitas, rectificamos de sal y dejamos cocer. Una vez cocido todo, lo escurrimos y lo colocamos en una fuente, preparamos un refrito con aceite, los ajos y lo echamos por encima.

José Antonio Esteban Torres: *Cantabria gastronómica*, Cantabria: Imgraft, 2002.

El recetario *Nuestras recetas*, publicado por el Gobierno de Cantabria y realizado por mujeres de la comunidad autónoma, aporta una receta de arvejas de Reinosa: «Arbejas con carne de cerdo»:

Ingredientes para 4 personas: 200 grs. De papada de cerdo, 2 manitas de cerdo, 200 grs. De costilla curada, 1 morcilla de arroz, 1 chorizo, 300 grs. Arvejas, 1 pizca de sal. Elaboración: Dejar a remojo la noche anterior las arvejas. En una olla, se ponen a cocer con abundante agua todos los ingredientes durante aproximadamente 1 hora. Aparte se separa un poco de caldo y se echa un poco de pan casero. Lo hervimos un poco y lo añadimos al potaje.

VV. AA. *Nuestras recetas. Sabores de Cantabria*, Cantabria: Librería Estvdio, 2014.

El recetario Zapico presenta, por su parte, un interesante plato con la arveja como protagonista:

Cocido de arvejas. La arveja es un tipo de legumbre de forma triangular de la familia de los guisantes y típico del Valle de Campoo. Tiene la particularidad de crear un caldo espeso de sabor recio.

Recetario Zapico de la cocina de Cantabria, 6.ª Entrega, Santander: Sensei, 2010.

Valoración local: Bustamante se encuentra a 865 m de altitud y pertenece al municipio de Campoo de Yuso. La localidad se sitúa en un promontorio, encontrándose a sus pies el pantano del Ebro, cuyas aguas inundó parte de sus tierras. En la actualidad, el pueblo todavía dispone de fincas y parcelas que le permiten mantener una mínima actividad agroganadera. En la mayoría de las localidades de la comarca de Campoo-Los Valles, el cultivo de la arveja ha estado muy arraigado, pues la rusticidad y adaptación de la planta al medio aseguraban una cosecha más generosa y productiva frente a otras legumbres, como el garbanzo o la lenteja. De la arveja se comía el grano cuando estaba seco, como si fuese una legumbre. Se trata, pues, de una semilla que ha mantenido una presencia constante en la cultura de la comarca más meridional de Cantabria hasta finales del siglo XX. Su fácil manejo en el campo y la aprobación en cocina han tenido una buena aceptación en todo el territorio. Se conocen dos tipos de arvejas: una de color marrón, con alguna pinta y mayor tamaño, y otra de menor tamaño y de color blanco. En este territorio se comía en el cocido la arveja. Las personas casi a diario comían arvejas antiguamente, los animales las comían también remojadas y crudas. El garbanzo y la alubia se comían el día de fiesta, eran escasos y no había dinero para comprarlos; al garbanzo en esta tierra le atacaba la niebla bastante, por eso no se cultivaba, y con respecto a la lenteja, no había costumbre de disfrutarla en la mesa. Jesús Fernández,

Jesús Fernández Gutiérrez (derecha) junto a Ismael Ferrer Pérez.

en la primavera del año 2021, me confirmaba la casi desaparición del cultivo en el territorio; las semillas donadas son de la cosecha del año 2020. Así mismo, Jesús me aseguraba que mantener el cultivo es un acto de nostalgia y amor a las tradiciones; culturalmente, la arveja tiene un arraigo muy significativo en la comarca. En Bustamante, los parajes o términos donde se sembraba eran los siguientes: La Nave, La Lastra, La Lama, El Arroyo, El Sotío, El Valle y La Hontarrada.

2. Origen

Localidad: Bustamante.
Comarca: Campoo-Los Valles.
Provincia: Cantabria.
Nombre donante: Jesús Fernández Sainz.
Evaluador: Ismael Ferrer Pérez.
Nombre productor: Jesús Fernández Gutiérrez.

3. Características morfológicas y agronómicas

Color, tamaño, peso y forma: La semilla va desde los tonos amarillos a los marrones oscuros. La forma es casi esférica y de tamaño pequeño. Es una semilla de textura lisa.

Fecha de siembra, cosecha y labores de campo: Siembra directa a voleo. La fecha tradicional es en los meses octubre y noviembre; si el tiempo no lo permite, los meses de enero y febrero son una buena alternativa. Si se siembra a principios de año, hay menos competencia con las hierbas. Las condiciones de pluviometría y el sol harán el resto. Aunque se pueden comer los granos frescos, no es habitual por lo laborioso que resulta. La recolección tiene lugar durante el mes de agosto. Una vez recogidas las plantas, se separa el grano de las vainas, labor similar a la que se hace con el trigo. Era costumbre empezar a trillar a partir del 5 de agosto, festividad de la Virgen de las Nieves en el Ayuntamiento del Campoo de Yuso. Su papel como leguminosa en la mejora de la tierra, la hizo merecedora de un lugar destacable dentro de la agricultura local. Voltear la tierra con arado, pase de cultivador y rulo para apretar la tierra después de sembrar.

Observaciones y curiosidades: Variedad rústica que se siembra en parcelas grandes, su manejo es similar a un cereal. La siembra se hace a voleo. La arveja no es una planta muy exigente en suelos ricos; la tierra de cereal y la de las patatas es una buena elección. Su rusticidad y excelente adaptación la protegen de enfermedades que precisen de tratamiento. Las arvejas vienen un mes antes que los guisantes, por eso gustaban mucho, y se come el grano tierno y seco. Planta rústica, que no requiere de cuidados especiales. La planta adquiere unas dimensiones de unos 40-50 cm de altura y presenta flores de color lila muy bonitas. Si se siembra en el huerto, se le pone unas ramas para sujetar los

zarcillos para que la planta este más aérea; si es de cultivo en el campo, se la deja a su merced. La arveja es una semilla que se come en seco. Como curiosidad y anécdota cabe decir decir que se comía verde la vaina y el grano los hombres cuando iban con las vacas al campo. No hay evidencias de comer las vainas verdes cocidas.

Conservación: La conservación de la arveja se recomienda en sacos de tela en lugar seco o en garrafas de cristal bien cerradas. Habitualmente, antes de llegar a los hogares los congeladores y las neveras, se guardaban en garrafones de cristal, llenos y cerrados con un corcho para que no entrara el cuco o gorgojo.

4. Aspectos culinarios

Partes comestibles: El grano seco para consumo humano. La planta seca para alimento de animales.

Cualidades organolépticas: La arveja necesita una cocción larga. Ofrece un sabor intenso y gustoso, siendo la compañera habitual de carnes de oveja, cabrito o cerdo. El sabor es fuerte y la piel algo áspera. Había distintas arvejas con pieles diferentes.

Valoración gastronómica: La arveja tiene una gran aceptación entre los mayores, y actualmente los pocos oriundos que la cultivan la destinan para autoconsumo. Es una tradición juntarse entre cuadrillas a comer un cocido de arvejas en Reinosa y en localidades de la comarca de Campoo-Los Valles. El ingenio popular en la elección de una carne, bien sea oveja, cabrito o cerdo —junto a la panceta y el compango en distintas proporciones—, da juego a un buen número de recetas tradicionales. Desde hace algo más de una década, la Cofradía Nacimiento del Ebro hace un papel divulgativo importante a la hora de difundir el valor cultural y gastronómico de la arveja. En la actualidad, hace falta impregnar a los más jóvenes de esa cultura para que no desaparezca un hábito que ha convivido con la idiosincrasia de esta tierra durante generaciones. Se comían tipo potaje o cocido, como otra legumbre. La mayor parte de las veces debido al sabor intenso del caldo de cocción se colaba y se preparaban unas sopas de pan. Se hacían en pucheros de tierra, con tocino, pata de cerdo, chorizo, hueso de pique y alguna cebolla o zanahoria.

Recetas tradicionales: Cocido de arvejas campurriano, arvejas con patatas y chorizo, arvejas con codillo de cerdo, *arvejillas* con patatas, cocido de arve-

jas, arvejas con codillo de jamón, arvejas con carne de cerdo y arvejas con costilla de cerdo.

5. Datos culturales de la variedad

El alimento está identificado con el territorio: Sí.
El alimento es reconocido por la cultura gastronómica local: Sí.
El alimento está presente en el recetario tradicional cántabro: Sí.
El alimento está relacionado con alguna fiesta pagana y/o religiosa local: No.
El alimento se cultiva en la actualidad: Sí.
El alimento se comercializa en la actualidad: Sí.
Hortelanos/as: Una docena.

6. Valoración global

Comercialización: En la actualidad, en la localidad de Bustamante se han localizado dos familias que mantienen el cultivo para autoconsumo. La arveja que se comercializa ahora en Cantabria procede de Castilla y León.

Arvejas de Bustamante.

236

Situación actual: La realidad no es diferente con esta semilla local. Es una labor que compete a todos la de promover y mantener la cultura asociada a esta variedad tradicional. Participar y ser parte de la recuperación y puesta en valor de esta semilla dará fórmulas para hallar el camino y equilibrio entre vertebración, sostenibilidad y mantenimiento de la cultura gastronómica local. En el año 2007 se creó la Cofradía Nacimiento del Ebro, siendo su finalidad la de vincular y divulgar la cultura gastronómica de los pueblos en el entorno del nacimiento del río Ebro. Uno de los alimentos que abanderan esta cofradía es la arveja, ello por la estrecha relación entre esta semilla y el territorio del sur de Cantabria. Recobrar la casi desaparición del cultivo, a la vez que recuperar el tradicional cocido de arvejas, es uno de los propósitos que abandera la Cofradía Nacimiento del Ebro. Cabe destacar que el año 2022 una de las actividades promovidas por el Departamento de Hortofruticultura del CIFA, dentro del proyecto «Legumbres de Cantabria», se realizó una cata de alubias y se elaboró para cerrar el acto una receta tradicional con arvejas, donde el público asistente se mostró sorprendido por la calidad organoléptica, y lo más curioso y que muestra el deterioro de esta variedad tradicional es que el 90% de los presentes no las habían probado nunca.

Singularidades y potencial del alimento: Semilla muy adaptada a las condiciones ambientales del territorio. Es destacable la falta de interés general sobre su existencia y el hecho de observar de qué manera se está perdiendo su cultura. Evidentemente, merece una reflexión que no se guarden las costumbres, se importen otras de menor talla cultural y social y con un impacto ambiental mayor. Una vez al año se ponen a remojo las arvejas y se prepara en Reinosa el plato típico de arvejas en los días de la festividad de San Sebastián. El compango es el acompañamiento habitual para la cocción, y después de un cocimiento largo, el caldo resultante es exquisito y es la base para hacer unas sopas de pan sabrosas, que se toman en primer lugar; después se comen las arvejas y por último el compango. Algunos, como novedad, hacen con la arveja un puré para untar en el pan. La convivialidad en torno a la arveja es un potencial agrícola y alimentario de primer orden que se debe recordar y mantener como signo identitario de la cultura gastronómica cántabra.

Semilla de guisante de Rudagüera.

Ficha n.º 32

Guisante de Rudagüera

1. Variedad tradicional

Nombres locales: Guisante.
Familia: Fabaceae.
Género: *Pisum*
Especie: *P. sativum.*

Citas bibliográficas: Pascual Madoz deja constancia del cultivo de guisantes en estas localidades de Cantabria:

«Laredo, Suesa y Valle de Cabuérniga».

Pascual Madoz: *Santander Diccionario Geográfico-Estadístico-Histórico,* Salamanca: Ámbito/Estvdio, 1995.

239

Víctor de la Serna, en su *La ruta de los foramontanos*, aporta esta nota sobre los guisantes:

> Pero la «estrella» de la huerta de Herrera es el guisante tardío. Y vengamos a cuentas con esto de lo tardío. El hombre se pasa la vida cantando a lo temprano, precipitándose sobre lo temprano, con la avidez de lo virginal que luego le trae los quebradores de cabeza que le trae. Y todo para acabar poniéndose muy contento cuando descubre la vida también y la gracia en lo tardío. Cree que ya no hay amor y hay amor, cree que no hay hijos y nace el hijo, cree que todo está perdido y canta misa a los ochenta y cuatro años, como mi venerable amigo García Mansilla, o pinta a los setenta, como Leonardo. Lo tardío está hecho por Dios para cuidarnos la esperanza. Y después de todo, en un lugar muy humilde de la jerarquía de lo tardío, pero con su mensaje de verde y perlado, el guisante de Herrera viene muy a tiempo de que creamos que siempre es primavera. (Salteados con unos torreznitos entreverados y una pizca de pimentón dulce de la Vera, lector, están para lo que están: para comérselos).

> Víctor de la Serna: *Nuevo viaje de España*, Madrid:
> Prensa Española, 1955.

La descripción honesta y sencilla del trabajo de esta obra, indica, en lo que se refiere a la alimentación, la manera de comer en la comarca de Liébana. El mercado de los lunes en Potes era un punto de encuentro y un acontecimiento en el valle, donde se podía adquirir…:

> Allí pueden verse junto a la sabrosa y acreditada fruta de la comarca, en su variedad de manzanas, peras, ciruelas, briñones, cerezas y otras muchas especies, el vendedor de rastrillos de madera para atropar la hierba: unos jamones o lomos de cerdo, junto a un montón de presejas para prender el ganado vacuno; unos talegos de trigo, garbanzos o guisantes, en competencia con las magníficas cebollas, lechugas, ajos y repollos y toda clase de hortalizas, al lado de cualesquiera de las variedades de quesos regionales, tales como los de Aliva, Tresviso, o Lebeña, todo ello de la mejor calidad, o bien la mantequilla de cualquier aldeana, alimento en desordenada exposición.

> Eduardo García: *Los Picos de Europa, Liébana y*
> *lebaniegos,* Santander: Ayuntamiento de Camaleño, 1972.

Una receta tradicional donde aparecen los guisantes:

Huevos poches con guisantes. Frotar ligeramente tiras de pan tostado con una cabeza de ajo, poner encima los huevos pochés. Colocar las tiras en corona sobre plato redondo. Colocar encima una salsa bechamel bien sazonada. En el centro de la corona, colocar los guisantes untados de mantequilla.

María Gloria Corpas: *Cocina cántabra*, Madrid: M. G. Corpas, 1980.

Este trabajo de Sofía Fernández y Víctor Alperi refleja una idea del cultivo local de guisantes en Cantabria y su uso en la cocina tradicional a finales del siglo pasado:

Los guisantes de algunas zonas de Cantabria tienen justa fama, como los de Potes, que se suelen tomar salteados con jamón o en cocido, con patatas nuevas. En Santander se dice que, para aderezar los guisantes, tres por uno: tres guisantes por cada loncha de jamón. Los guisantes son el ingrediente fundamental de las menestras y pueden completar, como fina guarnición, algunos platos de pescado o de carne. Las merluzas en cazuela tienen a los guisantes y los espárragos como un complemento ideal. Aporta dos recetas con guisantes, menestra de verduras y menestra de verduras frescas.

Sofía Fernández y Víctor Alperi: *Cocina y gastronomía de Cantabria*, Madrid: Ediciones Pirámide, S. A., 1998.

La Comisión de Recetas de El Zapico, con la colaboración de cocineros de Cantabria, recoge esta receta donde aparece el guisante entre los ingredientes de la huerta:

Guisao de romería. Plato típico que se guisaba en el campo, siempre de carnes y patata además de las verduras. Todos los años hay un concurso de «guisao de romería» en uno de los pueblos de Penagos, donde se reúnen hasta una treintena de cuadrillas para realizar este guiso.

Recetario Zapico de la cocina de Cantabria, 2.ª Entrega, Cantabria: Consejería de Industria, Turismo, Trabajo y Comunicaciones, 2001.

La Comisión de Recetas de El Zapico, con la colaboración de cocineros cántabros, recoge también una receta donde aparece el guisante fresco:

Menestra Campurriana. Ingredientes: ½ kilo de ternera de Reinosa, 100 grs. de judías verdes, 100 grs. de guisantes, 100 grs. de setas de Campoó (perrochicos). 2 zanahorias, 3 cebollas, 2 patatas, 1 vaso de vino blanco, aceite, pimienta y sal. Elaboración: Cocemos las judías, los guisantes y una zanahoria pequeña y reservamos las verduras y el caldo de cocerlas. Picamos dos cebollas, un tomate y una zanahoria y lo sofreímos. Salpimentamos la ternera y añadimos el sofrito anterior, rehogándola antes de echarle el vaso de vino blanco. Dejamos reducir el vino, y vamos añadiendo el caldo de verduras, dejando que cueza [*sic*] hasta que la ternera esté tierna. Picamos las patatas y las freímos, dorándolas. Las añadimos a la ternera. Picamos la cebolla y el tomate que nos queda junto con las setas. Lo sofreímos un poco y lo echamos a la ternera, junto con las verduras cocidas. Dejamos hacer durante unos minutos hasta que coja el sabor de la ternera. Debe quedar algo caldoso. Rectificamos de sal.

Recetario Zapico de la cocina de Cantabria,
4.ª Entrega, Santander: Consejería de Cultura, Turismo
y Deporte del Gobierno de Cantabria, 2003.

Concepción Herrera recoge en su recetario dos recetas con guisantes. Las cataloga como tradicionales de Cantabria y habla del uso de guisantes naturales, tiernos y desgranados: «Guisantes con jamón y patatas en salsa verde con huevos y guisantes» (Concepción Herrera de Bascuñán: *Cocina tradicional Cantabria*, León: Editorial Everest, S. A, 2009).

Valoración local: Siete pueblos conforman el municipio de Alfoz de Lloredo: La Busta, Cóbreces, Oreña, Rudagüera, Cigüenza, Toñanes y Novales, siendo este último la capital del municipio. El territorio se localiza en la costa occidental de la región cántabra. La ganadería y la agricultura fue la base de la economía hasta hace medio siglo; actualmente, la huerta está en vías de desaparición por la falta de relevo generacional y la reconversión del territorio hacia el sector servicios. La localidad de Rudagüera está situada en el interior del municipio, a 70 m sobre el nivel del mar, y la componen tres núcleos o barrios: San Pedro, Lloredo y Fresnedo. En el barrio de Lloredo hay terrenos de pequeñas parcelas de gran valor hortícola, y ello generó que hubiera grandes profesionales de la huerta. El CIFA de Muriedas conserva entradas de guisantes en otras localidades: El Tojo, Pejanda y Caldas. El guisante, a tenor de la información recabada a hortelanos en activo y jubilados en diferentes localidades cántabras, fue un cultivo tradicional para su con-

Mari Cruz Gutiérrez Bajo.

sumo en fresco y los granos secos como si fuera una legumbre. El guisante se desgranaba y se comía en fresco en la temporada, y los que se dejaban secar eran el ingrediente básico de los platos para el invierno. Una legumbre que ha contado con gran interés en el territorio, la posibilidad de poder consumirse frescos y secos les hacía acreedores de una semilla a tener en cuenta dentro del patrimonio gastronómico local. Maricruz me dio esta semilla heredada de su madre Julia. Julia fue una hortelana toda su vida, cultivó y vendió en el mercado de Torrelavega los jueves, y los domingos en el de Cabezón de la Sal. El guisante en fresco despertaba gran interés entre los clientes.

2. Origen

Localidad: Rudagüera.
Comarca: Costa occidental.
Provincia: Cantabria.
Nombre donante: Julia Bajo Guerra.

Evaluador: Ismael Ferrer Pérez.
Nombre productor: Maricruz Gutiérrez Bajo.

3. Características morfológicas, ciclo, manejo y comercialización del alimento

Color, tamaño, peso y forma: Color de la vaina y del grano verde, la vaina tiene alrededor de 9 cm, y contiene entre 6 y 9 granos. La forma del guisante, esférica y lisa.

Fecha de siembra, cosecha y labores de campo: Tradicionalmente se siembra el día de San Martín, aunque admite la siembra en el mes de enero e incluso febrero. Siembra habitual en eras de dos surcos paralelos; se disemina la semilla a golpes de 2-3 granos, a 25-30 cm de distancia entre ellas. Recolectar las vainas frescas cada 2-3 días durante el mes de mayo y hasta mitad de junio. Las vainas que se dejen para secar se cosechan entre julio y agosto. La labor de la tierra es importante: pase de cultivador, estiércol de vaca o caballo bien compostado y un pase de fresa para dejar la tierra fina. Retirar las hierbas competidoras en el momento de la nacencia. En el mes de marzo se prepara el entutorado. Se riega a demanda de las necesidades.

Observaciones y curiosidades del producto: Hablamos de una variedad rústica que se siembra en terrenos de huertas y tierras nobles. Es una variedad trepadora que alcanza metro y medio de altura e incluso puede llegar a los dos metros. El entutorado se realizaba con ramas de arbustos, de cajigo o avellano. Hoy se recurre tradicionalmente para esta operación a cuerdas o mallas de plástico, y de esta manera se puede sostener toda la vegetación de la planta y sus frutos. En la huerta, esta leguminosa hace una gran labor para fijar nitrógeno para la rotación de cultivos. El guisante necesita luz y espacios abiertos, una orientación sur y una zona bien ventilada es muy importante a la hora de buscar el lugar de siembra. La semilla es de textura rugosa y de color verde en distintas tonalidades. El grano tierno después de hervido se prepara salteado para acompañar platos de la cocina tradicional cántabra. El grano seco se destina para elaborar platos de invierno del tipo de cocidos.

Conservación: El guisante dentro de la vaina fresca se guarda en la cámara frigorífica durante 8-10 días en buenas condiciones. Una vez retirado de la vaina, lo recomendable es consumirlo en el mismo día. El guisante que se vaya a destinar a comer en seco (se conserva muy bien en la vaina), una vez se separe la vaina de los granos secos, se guarda en sacos de tela en lugar seco.

4. Aspectos culinarios

Partes comestibles: El grano fresco y seco para consumo humano, la planta seca para hacer compost.

Cualidades organolépticas: Dulce y de una textura muy fina.

Valoración gastronómica: Los guisantes se han utilizado de guarnición en numerosos platos, para acompañar albóndigas, ensaladilla rusa, salsa verde, menestra de verduras o como plato único. Los granos frescos se cuecen en apenas 2-3 minutos. Su excelente sabor hace que sea un alimento que cuenta con una gran popularidad. El guisante fresco resulta tierno y sabroso al paladar, destaca por su sabor herbáceo. El grano seco necesita una cocción larga y su sabor es más fuerte. La compañía de productos del cerdo y la presencia de patatas y/o nabos suavizan su potencia en boca y lo hacen muy interesante para alternar dentro de un modelo tradicional de cocina ligada al territorio. El guisante tierno ha tenido una gran aceptación por su inédito sabor y delicada textura. Las condiciones de su cultivo cerca del mar le aportan matices singulares a tomar en consideración.

Recetas tradicionales: Salteado de guisantes con jamón, patatas guisadas con guisantes, pollo guisado con guisantes, huevos poches con guisantes, *guisao* de romería, menestra campurriana, menestra de verduras, menestra de verduras frescas y bacalao con almejas.

5. Datos culturales de la variedad

El alimento está identificado con el territorio: Sí.

El alimento es reconocido por la cultura gastronómica local: Sí.

El alimento está presente en el recetario tradicional cántabro: Sí.

El alimento está relacionado con alguna fiesta pagana y/o religiosa local: No.

El alimento se cultiva en la actualidad: Sí.

El alimento se comercializa en la actualidad: Sí.

Hortelanos/as: Media docena de hortelanos.

6. Valoración global

Comercialización: No hay comercialización.

Situación actual: En la actualidad, esta variedad la mantiene Maricruz y

Guisante de Rudagüera.

unos pocos amigos hortelanos para difundir la variedad; el cultivo es para auto-consumo. La responsabilidad sobre esta variedad local debe orientarse a recuperar el cultivo, ello permitirá rencontrar el sabor y los matices que solo las variedades locales ofrecen de manera contundente. El grano en seco ofrece un sabor intenso y característico, y es otra opción dentro de la cocina doméstica en el territorio rural. El cambio depende de la educación y de saber mirar al alimento no como un medio para especular económicamente, sino como un fin para la satisfacción del paladar.

Singularidades y potencial del alimento: Por la historia que representa en el lugar de origen, el valor cultural, social, alimentario y culinario, entiendo que considerar el hecho de comprometerse con la recuperación y puesta en valor de esta variedad adaptada como modelo de vertebración, sostenibilidad y divulgación de la gastronomía local es una labor y responsabilidad de la sociedad y las instituciones de esta región. Salir del acomodo es el primer paso para abrir un nuevo camino de posibilidades.

Tomate

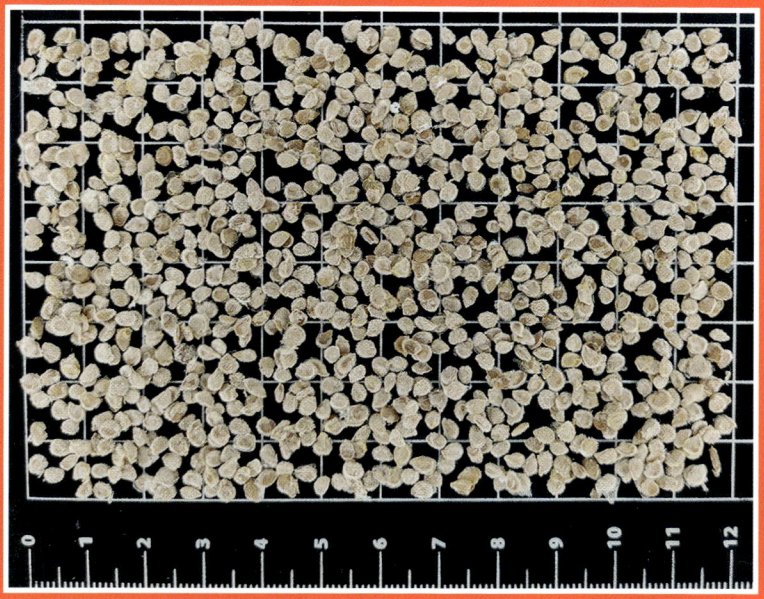

Semilla de tomata de Abanillas.

Ficha n.º 33

Tomata de Abanillas

1. Variedad tradicional

Nombres locales: Tomata.
Familia: Solanaceae.
Género: *Solanum.*
Especie: *S. lycopersicum.*

Citas bibliográficas: Ismael Díaz realiza una labor precisa y meticulosa sobre lo que acontece en la cocina española antes de acabar el siglo XX. Un trabajo vívido y abundante donde muestra infinidad de detalles gastronómicos, pero donde podemos constatar un aspecto que ha pasado desapercibido o, hasta el siglo XXI, no entraba en la nomenclatura culinaria de una buena parte de los escritores especializados en los asuntos del comer. Y es cierto, la diversidad de especies ha pasado de puntillas, y unos y otros se han ceñido a una familia vegetal a la hora de encumbrar una hortaliza, una legumbre o una fruta. Recojo esta receta del capítulo de Cantabria, donde el tomate es providencial en su ejecución, pero no aparece la variedad del tomate:

> Caracoles a la marinera, se hacen con salsa de tomate, cebolla, guindilla, pan rallado y vino tinto, También pueden elaborarse con pimientos choriceros y jamón picado, en una salsa de tomate con pimienta, clavo y guindilla.

Ismael Díaz Yubero: *Sabores de España*, Madrid,
Ediciones Pirámide, S. A., 1998.

Valoración local: Abanillas es un municipio de la Val de San Vicente, que se encuentra a 180 m sobre el nivel del mar. La tomata de Abanillas es la reina de la huerta, variedad muy popular y reconocida en Abanillas y pueblos colindantes por su excelente sabor. La planta está muy adaptada al clima; la temporada es corta, pero el fruto es reconocido como una joya culinaria. En la II edición de la Feria del Tomate de Santa Cruz Bezana del año 2020, quedó campeón en el concurso nacional, y en la III edición de esta misma feria del año 2021 quedó campeón en el concurso regional. Diego González la hereda se su abuelo, la familia mantiene esta variedad cerca de un siglo. La adaptación de la planta y el sabor de los frutos son los atributos que hacen de esta variedad un tesoro del patrimonio alimentario cántabro.

2. Origen

Localidad: Abanillas.
Comarca: Costa occidental.
Provincia: Cantabria.
Nombre donante: Carlos González.
Evaluador: Ismael Ferrer Pérez.
Hortelano/a: Diego González Ruiz.

3. Características morfológicas y agronómicas

Color, tamaño, peso y forma: Color rojo, tomate de gran tamaño, piezas en torno a medio kilo. Presenta forma redonda, acostillado y con alguna estría en el culo.

Diego González Ruiz.

Fecha de siembra, cosecha y labores de campo: El semillero para San José, y a primeros de mayo se trasplanta a campo. La recolección, en invernadero, a finales de julio; en huerta a finales de agosto.

Observaciones y curiosidades: El fruto es sabroso y dulce, presenta pocas semillas y nada de madera. La variedad no es muy productiva. La salinidad del suelo y del aire es lo que le da la acidez y ese singular sabor que despierta tanto interés. Presenta una piel muy fina y es aconsejable comer bien maduro.

Conservación: Se debe consumir en los próximos 2-3 días desde su recolección si es para ensalada. Al ser climatérico, el tomate sigue madurando, por lo que si se pasa de punto lo podemos usar para hacer salsa de tomate.

4. Aspectos culinarios

Partes comestibles: Todo el fruto.

Cualidades organolépticas: Destaca por su sabor y textura; no es arenoso, a la mordida la textura es dura y a la vez se mastica bien.

Valoración gastronómica: En Cantabria es uno de los tomates tradicionales que cuenta con más aceptación.

251

Recetas tradicionales: Ensalada de tomate, bacalao con tomate, bonito con tomate, caracoles con tomate y caracoles a la marinera.

5. Datos culturales de la variedad

El alimento está identificado con el territorio: Sí.

El alimento es reconocido por la cultura gastronómica local: Sí.

El alimento está presente en el recetario tradicional cántabro: Sí.

El alimento está relacionado con alguna fiesta pagana y/o religiosa local: No.

El alimento se cultiva en la actualidad: Sí.

El alimento se comercializa en la actualidad: Sí.

Hortelanos/as: Hay una gran venta de plantero de esta variedad, por lo que el número de hortelanos es grande en la comunidad cántabra.

6. Valoración global

Tomata de Abanillas.

Comercialización: En temporada, en la huerta Ecotierra Mojada, se vende a granel al peso.

Situación actual: Es una variedad que, dada la popularidad que está tomando, la dispersión de la semilla, del cultivo y del consumo están hoy asegurados. Hay muchas familias que lo cultivan para autoconsumo.

Singularidades y potencial del alimento: El potencial es grande, pues hablamos de una de las variedades tradicionales de tomate mejor adaptadas. Es uno de los alimentos más demandados en verano por la singularidad organoléptica que ofrece.

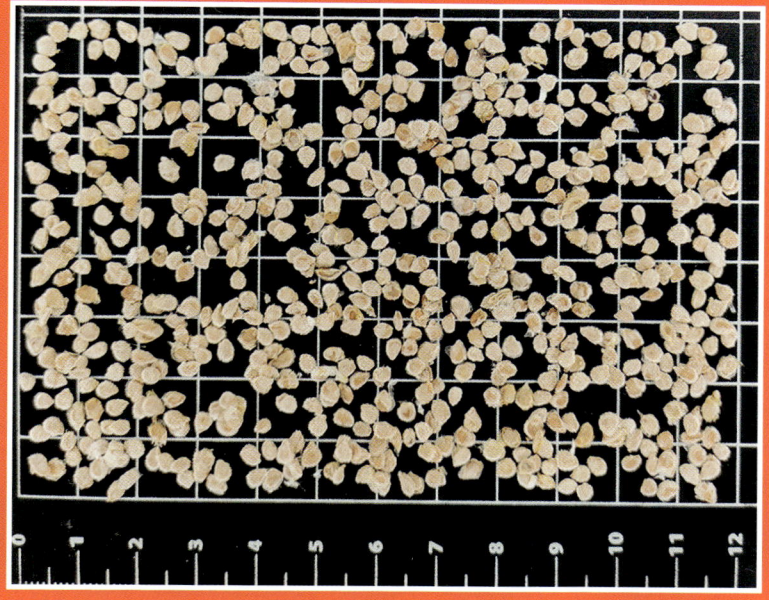

Semilla de tomata de Noja.

Ficha n.º 34

Tomata de Noja

1. Variedad tradicional

Nombres locales: Tomate Siete Villas, tomate de casa.
Familia: Solanaceae.
Género: *Solanum.*
Especie: *S. lycopersicum.*

Citas bibliográficas: La Comisión de Recetas de El Zapico así como la colaboración de cocineros cántabros recogen dos recetas donde el tomate es el ingrediente principal. Una es la salsa de tomate y otra, con nombre propio, de la que dice:

> La salsa cántabra, es una salsa roja a la que da el color el tomate que se le echa y el poquito de pimentón que va con el tomate a la hora de hacerlo. En caso de que los tomates estén maduros y con un color rojo fuerte no necesitan pimentón. Salsa Cántabra. Ingredientes; 2 cebollas medianas, 6 dientes de ajo, 4 tomates maduros medianos, 1 pimiento verde o rojo, 1 dl.

Aceite de oliva, 30 gr. de harina, 1 dl. Vino blanco, 1 litro de caldo de pescado, sal. Elaboración; Rehogar en una cazuela con aceite de oliva, el ajo, la cebolla y el pimiento, todo ello picado fino. Cuando esté ligeramente dorado le echamos los tomates partidos en trozos menudos, lo sazonamos con sal y azúcar, lo dejamos cocer unos 45 minutos y lo pasamos por el pasapurés. Aparte en otra cazuela con un poco de aceite, tostamos un poco de harina, le echamos el vino blanco, el tomate y un poco de caldo de pescado. Lo dejamos cocer unos 5 minutos y rectificamos de sal. Si lo hemos removido bien y no tiene grumos de la harina, no hace falta volverlo a pasar.

Recetario Zapico de la cocina de Cantabria,
4.ª Entrega, Santander: Consejería de Cultura, Turismo
y Deporte del Gobierno de Cantabria, 2003.

Valoración local: Noja es una localidad del municipio del mismo nombre, situado a 9 m sobre el nivel del mar. Esta tomata, que se cultivaba en la histórica Junta de Siete Villas, despierta admiración y recuerdos de un pasado donde la huerta estaba viva. Hoy el turismo la ha desplazado hasta la casi desaparición. La hortaliza y la agricultura tenían un peso importante; el tomate se comía en fresco en la temporada, y fuera de temporada se consumía lo que se había embotado. Era un ingrediente básico de platos tradicionales como los caracoles, el bacalao, etc. Una semilla para tener en cuenta dentro del patrimonio gastronómico local por sus características inéditas. La semilla procede del intercambio entre hortelanos, Begoña García la cultiva desde hace décadas por el interés que despierta la tomata de Noja entre los vecinos locales y los turistas. Estamos frente a un tomate exclusivo y con una identidad muy enraizada en el territorio.

Begoña García Bustio.

2. Origen

Localidad: Noja.
Comarca: Trasmiera.
Provincia: Cantabria.
Nombre donante: Arsenio Ruiz Sierra.

Evaluador: Ismael Ferrer Pérez.
Hortelano/a: Begoña García Bustio.

3. Características morfológicas y agronómicas

Color, tamaño, peso y forma: Color rojo; gran tamaño. El peso alcanza el kilo de forma general por cada ejemplar.

Fecha de siembra, cosecha y labores de campo: El semillero, a mitad de marzo; los primeros días de mayo se trasplanta al campo. Es un tomate tardío, en invernadero se comienza a cosechar a finales de julio y en la huerta tradicional a finales de agosto. Pase de cultivador y fresa antes del trasplante para tener una tierra fina. Hacer el marcaje de los surcos, plantar, poner las varillas o tutores.

Observaciones y curiosidades: La planta ofrece menos frutos que otras variedades. Los tomates son grandes, entre 3-4 piezas por planta. El fruto presenta unos surcos en el pedúnculo, por lo que visualmente no es muy bonito. La carne presenta una textura algo arenosa, lo que es una característica que gusta mucho de forma generalizada, aunque hay otras personas que no les agrada tanto. La planta hace mucha rama.

Conservación: Se debe consumir en los próximos 2-3 días desde su recolección si es para ensalada. Al ser climatérico, el tomate sigue madurando, por lo que sí se pasa de punto lo podemos usar para hacer salsa de tomate.

4. Aspectos culinarios

Partes comestibles: Todo el fruto.

Cualidades organolépticas: Tiene una piel fina, carnoso, de aspecto feo, poca semilla y dulce.

Valoración gastronómica: Es muy buen tomate para hacer salsa, tiene poca agua y es de mucho peso. Para embotar son especiales.

Recetas tradicionales: Tomates a la parbayona, ensalada de tomate, bonito con tomate, bonito a la castreña, salsa cántabra y salsa de tomate.

5. Datos culturales de la variedad

El alimento está identificado con el territorio: Sí.
El alimento es reconocido por la cultura gastronómica local: Sí.
El alimento está presente en el recetario tradicional cántabro: Sí.

El alimento está relacionado con alguna fiesta pagana y/o religiosa local: No.
El alimento se cultiva en la actualidad: Sí.
El alimento se comercializa en la actualidad: Sí.
Hortelanos/as: Una docena.

6. Valoración global

Comercialización: En temporada en el mercado de Noja los miércoles y domingos. Se vende a granel, al peso.

Situación actual: Esta variedad solo la mantiene en la actualidad Begoña para su comercialización, así como unas pocas familias que la cultivan para autoconsumo. Estamos ante uno de los tomates tradicionales de Cantabria, que son parte del patrimonio alimentario y cultural de esta tierra, por lo que fomentar la cultura en torno a esta variedad hará que la venta mejore, para que tanto el cultivo como la presencia en las mesas sea una realidad y no una excepcionalidad como ocurre en la actualidad.

Tomata de Noja.

Singularidades y potencial del alimento: Un dato para considerar es que la climatología ha cambiado y ha hecho que se haya adelantado un mes la maduración de esta variedad. El potencial es una evidencia, pues hablamos de una parte de la diversidad de tomates adaptados a esta tierra y por lo tanto cuentan con un potencial agrícola y culinario de interés general.

Semilla de tomate de Pesués.

Ficha n.º 35

Tomate de Pesués

1. Variedad tradicional

Nombres locales. Tomate de casa.
Familia: Solanaceae.
Género: *Solanum.*
Especie: *S. lycopersicum.*

Citas bibliográficas: Este trabajo, que recoge de manera magistral la cocina de los pueblos de España, muestra algunos aspectos acerca de Cantabria que merecen señalarse, en especial, el uso del tomate y la cebolla para elaborar uno de los guisos de mayor tradición:

En cuanto a los guisados más importantes de estas tierras, empezaremos por las anchoas o sardinas en cazuela, guiso marinero muy sencillo, pero sabrosísimo, hecho simplemente a base de una picada de cebolla, aceite, sal y pimentón, a fuego lento y en cazuela tapada. Otro guiso de sardina

257

es a la santanderina, con filetes rebozados con pan rallado y ajo y perejil. Luego, con un poco de aceite, se ponen los filetes al horno y se sirven con rodajas de limón. Las sardinas con tomate, también en cazuela, aderezadas con aceite, tomate, cebolla picada, ajo y perejil, son realmente apetitosas.

Néstor Lujan y Juan Perucho: *El libro de la cocina española*,
Barcelona, 2.ª ed. Editorial Tusquets, S. A., 2005,

Valoración local: Pesués es una localidad que se compone de 7 barrios y es la capital del municipio de Val de San Vicente, situada a 50 m sobre el nivel del mar. Tradicionalmente, el tomate de Pesués adquirió justa fama, por ello todas las familias lo cultivaban para sacar un dinero y mejorar la renta en las casas. Había más de cincuenta huertas en Pesués. Es un terreno que está favorecido por un microclima especial: llueve poco, las corrientes de aire dispersan las nubes y el aire del nordeste facilita el cultivo. Las personas vieron que se daba bien el cultivo y pronto empezaron a llevar tomates a vender en carros a distintas localidades, entre ellas Cabezón de la Sal y Llanes. Todos los que venían a los mercados preguntaban por el tomate de Pesués: renoveros, tratantes, etc. La fiesta del tomate en Pesués fue debida al importante cultivo en toda la vega de la localidad medio siglo atrás; en la actualidad, la producción es para autoconsumo. La fiesta del tomate empezó celebrándose el primer sábado de septiembre y era un acontecimiento único en la región; hoy se sigue realizando, aunque el cultivo ha decaído y el tomate es un mero espectador. Luis Cordero mantiene el acervo cultural de la familia, conservando toda la diversidad de especies heredada; de niño aprendió ayudando a sus padres en las tareas de la huerta; se sembraba de todo, pero el rey era el tomate. Me confiesa Luis: «Todo el prado hace unas décadas estaba sembrado de maíz, alubias, tomates, berzas, cebollas…, hoy no quiere trabajar nadie».

Luis Cordero Montes.

2. Origen

Localidad: Pesués.
Comarca: Costa occidental.
Provincia. Cantabria.

Nombre donante: Romualdo Cordero y María Montes.
Evaluador: Ismael Ferrer Pérez.
Nombre productor: Luis Cordero Montes.

3. Características morfológicas y agronómicas

Color, tamaño, peso y forma: Color rojo, es un tomate gordo de gran tamaño, el peso oscila del medio kilo a ejemplares que pueden superar el kilo. Presenta unos canales en los hombros, acostillado.

Fecha de siembra, cosecha y labores de campo: El semillero se realiza en la mengua de febrero, y entre finales de abril y los primeros días de mayo se trasplanta a campo. La cosecha comienza a finales de julio. Pase de cultivador al terreno y pase de fresa antes del trasplante para dejar una tierra suave. Hacer el marcaje de los surcos, plantar, poner las varillas o tutores.

Observaciones y curiosidades: Es un tomate que apenas tiene semilla, los ejemplares son muy pesados.

Conservación: Se debe consumir en los próximos 2-3 días si es para ensalada. Al ser climatérico, el tomate sigue madurando, por lo que sí se pasa de punto lo podemos usar para hacer salsa de tomate.

4. Aspectos culinarios

Partes comestibles: Todo el fruto.

Cualidades organolépticas: Destaca por su textura y sabor.

Valoración gastronómica: Es una variedad que cuenta con un gran reconocimiento en el territorio por su inédito sabor. Se comía tradicionalmente en ensalada y se acompañaba de aceitunas, huevo duro, atún, sardinas, etc.

Recetas tradicionales: La fórmula preferida es en ensalada; para preparar en fritada es una joya, y los ejemplares más maduros para hacer salsa de tomate.

5. Datos culturales de la variedad

El alimento está identificado con el territorio: Sí.
El alimento es reconocido por la cultura gastronómica local: Sí.
El alimento está presente en el recetario tradicional cántabro: Sí.

El alimento está relacionado con alguna fiesta pagana y/o religiosa local: Sí.

El alimento se cultiva en la actualidad: Sí.

El alimento se comercializa en la actualidad: Sí.

Hortelanos/as: Lo cultivan medio centenar de familias.

6. Valoración global

Comercialización: No hay comercialización. Se cultiva para autoconsumo en las casas.

Situación actual: El cultivo general es para autoconsumo. Luis es una institución, y durante toda su vida ha cultivado esta variedad. La semilla que tiene cuenta con más de un siglo en su casa. Hoy es una realidad que el cultivo se está abandonando progresivamente, a pesar de la aceptación con la que ha contado durante décadas. El que algunos viveros hagan planta hace mantener la variedad y que su presencia no haya desaparecido, pero dentro de la planta que se vende con el mismo nombre hay matices y singularidades, lo que nos puede hacer pensar que la diversidad debe estar en muchas manos, y hoy son pocos los que cultivan tomates y menos los que saben guardar su semilla. Este hecho no nos favorece, va en detrimento de la adaptación y resiliencia, y nos lleva a una homologación y pérdida de identidad.

Tomate de Pesués.

Singularidades y potencial del alimento: Estamos frente a uno de los tomates con más tradición en Cantabria. Es un deber mantener y promover su cultura por la singularidad e identidad que se establece con el lugar donde se cultiva. Fomentar el cultivo y la cultura culinaria local es la clave para mantener este monumento de la huerta y dejar a las próximas generaciones más sabor y más sabiduría popular.

Pimiento

Semilla de pimiento choricero de Ampuero.

Ficha n.º 36

Pimiento choricero de Ampuero

1. Variedad tradicional

Nombres locales: Pimiento del país.
Familia: Solanaceae.
Género: *Capsicum.*
Especie: *C. annuum.*

Citas bibliográficas: Pascual Madoz nos deja constancia de un pimentón picante en la localidad de Somo.

Pascual Madoz: *Santander. Diccionario Geográfico-Estadístico-Histórico,*
Salamanca: Ámbito/Estvdio, 1995.

Pereda cita la presencia de los pimientos en los mercados semanales:

Después, en espacios más anchos, los zapatos de Novales, las abarcas de Carmona, los yogos y prisiones de Cieza; los montes de pan en roscos, en cruz y en tortas; los calderos y trébedes de Balmaseda; los puestos de baratijas, como dedales de acero, alfileteros de latón, navajas de poco más o menos, cordones de estambre y gargantillas de cristal; las montañas de pimientos morrones y choriceros; los corderos en capilla...

José María de Pereda: *El sabor de la tierruca*, 4.ª ed., Madrid: Espasa-Calpe, 1973.

Este trabajo constituye una aportación importante sobre la gastronomía española en la década de los años 60. En lo que concierne al pimiento choricero, anota un aspecto de bella factura:

En la salsa de los caracoles a la colindresa, introducen en la sartén cien g de jamón y cien gramos de chorizo, una cucharada de harina, tres tomates, seis pimientos choriceros, dos cucharadas de caldo, sal y guindilla bien picante.

Luis Antonio de Vega: *Viaje por la cocina española*, Madrid: Salvat Editores y Alianza Editorial, 1969.

En el recetario de Zacarías, el uso del pimiento choricero aparece en un importante número de recetas; especialmente hay una sinergia muy estrecha con elaboraciones de pescados y mariscos, aspecto que dota a esta variedad de pimiento como un ingrediente singular e identitario de la cocina cántabra:

Salsa Americana, Salsa preve, Sopa de lapas, Respigos, Respigos a la marinera, Anguilas con alubias, Bacalao al pimiento choricero, Ballena al gusto de Laredo, Ballena y pimiento gordos, Besugo al horno, Golayo a la pejina, Machote al horno, Marmita, Patatas con raya, Pollo marino, Pulpo Cabildo de San Martín, Raya al Prevé, Ancas de rana, Asadura de cerdo, Callos a la antigua, Caracoles, Caracoles al estilo Guriezo, Chorizo de Guriezo, Chorizo Tía Laureana, Pollo en salsa y Pato de corral con arroz.

Zacarías Puente: *La cocina de Cantabria*, Fuenterrabía: Imprenta Ondarribi, 1984.

La Comisión de Recetas de El Zapico y numerosos cocineros de Cantabria recogen la receta de una salsa en su primer recetario en la que entre sus ingredientes aparece el pimiento choricero, lo que evidencia el uso y protagonismo de esta variedad de pimiento en la cocina tradicional años atrás:

Salsa preve. Esta salsa se utiliza en la cocina de Cantabria y otras regiones principalmente de acompañamiento de pescados a la plancha o a la parrilla. Ingredientes: 10 cucharadas de aceite de oliva, ½ pimiento choricero, 4 dientes de ajo, 3 cucharadas vinagre de vino, 1 guindilla, perejil. Elaboración: Pelar los ajos y cortarlos en filetes finos. Se le quitan las pepitas al pimiento choricero y lo cortamos en tiras. Se pone una sartén al fuego con el aceite de oliva, cuando este caliente echamos los ajos y la guindilla y doramos, añadimos el perejil picado, el pimiento choricero y seguidamente retiramos la sartén del fuego y agregamos el vinagre. Cuando este un poco frío lo arrimamos al fuego para que cueza [*sic*] unos minutos.

Recetario Zapico de la cocina de Cantabria, 1.ª
Entrega, Cantabria: Gobierno de Cantabria, 2000.

Valoración local: La localidad de Ampuero es a su vez la capital de municipio del mismo nombre, situada a 11 m sobre el nivel del mar. El pimiento choricero se cultivó y tuvo un papel importante porque el pimentón era caro y no podía adquirirse fácilmente. Era un ingrediente fundamental en la matanza del *chon*, pues el nombre dado al pimiento es por el uso que tuvo en preparar uno de los embutidos estrella de la matanza: el chorizo. En Ampuero, los barrios de Barrico, La Bárcena, Bernales, Marrón, Tabercilla, y en la localidad de Arnuero, se secaban y luego se vendían. Hubo años donde fue un ingreso extra que complementó la renta de un buen número de familias. Del País Vasco, especialmente, y del norte de Burgos venían a comprar pimiento seco para la matanza. José coge la semilla de una conocida hortelana: Luisa Ribas. Luisa, vecina de El Camino, localidad del Ayuntamiento de Ampuero, hacía semilleros y vendía plantero de esta variedad. Es un pimiento estilizado, de buena apariencia y que tiene mucha carne. Pancho, el «Pellejero de Ampuero», también hacía semilleros y vendía planta en la localidad de Tabernilla. Esta semilla ha pasado de generación en generación, y la adaptación a la huerta de Ampuero es envidiable, lo que hace que esta semilla cultivaba en otros territorios la planta no se comporte igual.

2. Origen

Localidad: Ampuero.
Comarca: Asón-Agüera.

265

Provincia: Cantabria.
Nombre donante: Luisa Ribas Santallana.
Evaluador: Ismael Ferrer Pérez.
Nombre hortelano/a: José Irusta Sánchez.

3. Características morfológicas y agronómicas

Color, tamaño, peso y forma: Color granate, tamaño medio, en torno a los 4-5 cm de ancho, y de forma alargada.

Fecha de siembra, cosecha y labores de campo: El semillero se hace en la mengua de marzo. En torno a la festividad de San Isidro se llevaba a campo. Se recolectaba a la medida que van

José Irusta Sánchez.

madurando; para verde a final de julio, a mitad de septiembre en adelante se cogen los pimientos rojos para poder ensartar y colgar.

Observaciones y curiosidades: El fruto inmaduro, verde, no se come fresco en ensalada. Es para freír y acompañar los platos. Apenas tiene piel, y los frutos rojos, cuando se seca la pulpa, se utilizan para dar color y sabor a la carne. Con ellos se preparan los adobos, la costilla, el lomo, etc. Esta variedad se cultiva especialmente para utilizar la pulpa del pimiento seco, ya que tiene mucha carne. Si se asa el pimiento fresco, la piel se quita muy bien. También se pueden rellenar. El sol de la mañana es la mejor solución para secar los pimientos; el sol de la tarde, si es muy fuerte, los puede quemar. No se ahúman los pimientos en Ampuero, se secan por la intervención del sol.

Conservación: Una vez secos, se guardan durante todo un año. Habitualmente, la fórmula tradicional ha sido hacer rastras o ensartarlos en un número de 60-70 unidades.

4. Aspectos culinarios

Partes comestibles: La carne del pimiento seco.

Cualidades organolépticas: Son dulces, y en ocasiones, algunos ejemplares pican.

Valoración gastronómica: Es un alimento histórico; dada su buena conservación, fue un ingrediente de primer orden para elaborar numerosos platos; en la matanza eran imprescindibles. Actualmente, hay una fórmula que gusta mucho en cocina: asar los pimientos rojos frescos, pelar y guardar en el congelador. El uso tradicional es el remojo, luego se pela y se obtiene la pulpa, que se utiliza en cocina.

Recetas tradicionales: Para condimentar los chorizos, para elaborar salsas y acompañar platos de legumbres y/o guisos. Otro de los platos tradicionales eran los caracoles con bacalao y pimiento choricero.

5. Datos culturales de la variedad

El alimento está identificado con el territorio: Sí.
El alimento es reconocido por la cultura gastronómica local: Sí.
El alimento está presente en el recetario tradicional cántabro: Sí.
El alimento está relacionado con alguna fiesta pagana y/o religiosa local: Sí.
El alimento se cultiva en la actualidad: Sí.
El alimento se comercializa en la actualidad: Sí.
Hortelanos/as: Una docena de hortelanos y/o jubilados.

6. Valoración global

Comercialización: No se comercializa actualmente.

Situación actual: Me hace saber José que antes todos los vecinos tenían grandes huertas, no quedaba un metro sin sallar; ahora todo está perdido, la sensación de abandono es clara. Los jóvenes no quieren saber nada. En la cocina tradicional, su presencia en el recetario era habitual. Hoy, dada la ausencia de pimientos choriceros, los platos se confeccionan sin su aportación identitaria. Zacarías Puente, en su recetario *La cocina de Cantabria*, confirma esta realidad que hoy ya es parte del pasado.

Pimiento choricero de Ampuero.

Singularidades y potencial del alimento: En la gastronomía popular de Cantabria del siglo pasado, el cultivo y el uso del pimiento choricero era una singularidad. Hoy ha desaparecido, al igual que la utilización del pimiento para la matanza. Llama la atención que en tan solo unas pocas décadas esta variedad haya quedado casi en el olvido, y solo unos pocos nostálgicos se acuerden de él. El potencial del pimiento choricero es innegable, solo falta educar y reconducir la cultura para encontrar el equilibrio y recuperar el espacio y protagonismo que tuvo esta variedad de pimiento en la sociedad.

Semilla de pimiento de Isla.

Ficha n.º 37

Pimiento de Isla

1. Variedad tradicional

Nombres locales: Pimiento de Isla.
Familia: Solanaceae.
Género: *Capsicum.*
Especie: *C. annuum.*

Citas bibliográficas: Pascual Madoz nos deja constancia del cultivo de pimientos en estas localidades de Cantabria:

«Loredo de Zuñeda y Suesa»

Pascual Madoz: *Santander. Diccionario Geográfico-Estadístico-Histórico,*
Salamanca: Ámbito/Estvdio, 1995.

Pereda cita la presencia de los pimientos en los mercados semanales:

Después, en espacios más anchos, los zapatos de Novales, las abarcas de Carmona, los yogos y prisiones de Cieza; los montes de pan en roscos, en cruz y en tortas; los calderos y trébedes de Balmaseda; los puestos de baratijas, como dedales de acero, alfileteros de latón, navajas de poco más o menos, cordones de estambre y gargantillas de cristal; las montañas de pimientos morrones y choriceros; los corderos en capilla...

José María de Pereda: *El sabor de la tierruca*,
4.ª ed., Madrid: Espasa-Calpe, 1973.

Amós de Escalante habla de la vega donde se mezclan el Saja y el Besaya, donde se respira el sano ambiente de las faenas campesinas y el día del mercado en Torrelavega el ajetreo es inmenso, la plaza esta abarrotada y el alimento que describe es parte del paisaje de la época:

Allí los frutos de la tierra: pilas de borona sin moler, recogidas sobre tendidas sábanas; descoloridos trigos de la montaña, el álaga y el cutiano; tiernas alubias de blanca o roja o azotada piel; sabrosas legumbres y frescas verduras; coles y cebollas, y los rojos pimientos y ajos duros de Quevedo.

Amós de Escalante: *Costas y montañas*. Santander:
Ediciones Estvdio, 1.ª ed., 1999.

María Gloria Corpas presenta esta receta tradicional con pimientos:

Pimientos rellenos de Laredo. Ingredientes: 15 pimientos morrones, 300 gramos de picadillo de cerdo, 300 gramos de salchichas coloradas, 2 huevos, 1 cebolla picada, ajo, perejil picado, sal y pimienta, 3 cucharadas de tomate. Para la salsa: 1 cebolla, 2 cucharadas de puré de tomate, 1 decilitro de vino blanco, harina, caldo Maggi, aceite, sal y pimienta. Elaboración: En cazuela de barro se pone el aceite con los ajos, la cebolla, el picadillo y las salchichas; se rehoga todo, añadiendo el perejil. Se da un hervor y se aparta del fuego; se añaden los huevos batidos y se entrevera. Cuando esté fría esta mezcla, se rellenan con ella los pimientos, estos vaciados de las pepitas. Cuando estén rellenos, se envuelven en harina y huevo batido y se fríen en aceite bien caliente. Se prepara la salsa y se les vierte por encima. Se les da un hervor todo junto y ya están.

María Gloria Corpas: *Cocina cántabra*, Madrid:
M. G. Corpas, 1980.

José Ramón Saiz Viadero destaca un apunte no menor en la deriva de la producción local del pimiento de Isla:

Bajamos nuevamente a la costa y llegamos hasta Ajo, moderno tinglado turístico, donde se sirve paella y mariscos en cantidades industriales, lo mismo que en el siguiente pueblo que es Isla, famoso por sus viveros de langosta y por sus productos hortícolas que han hecho distinguirse como «capital de los pimientos». Dos cosechas al año se han venido dando, de enero a agosto, aunque últimamente se observa una merma en la producción, unida al aumento considerable del turismo, ha obligado a los establecimientos gastronómicos de temporada a proceder a la importación para poder atender a su clientela: lechugas, pimientos, tomates y judías conocidas por «troncheras» forman la cosecha junto al repollo y las patatas.

J. R. Saiz Viadero: *Comer en Cantabria*, Madrid:
Ediciones Penthalon, 1981.

Zacarías Puente menciona esta receta: ensalada de chicharros con pimientos rojos de Isla:

Ingredientes para cuatro personas: 2 pimientos rojos de Isla, 2 chicharros medianos, 1 manojo de berros, 3 dientes de ajo fileteado, 6 cucharadas de aceite, sal pimienta y medio limón. Preparación: 15 minutos. Cocción: 30 minutos. Asamos los pimientos y los pelamos. Hacemos tiras. Ponemos una sartén al fuego con la mitad de aceite, freímos los ajos, cuando empiezan a dorarse, echamos los pimientos sazonar con sal y pimienta, y los dejamos hacer 15 minutos a fuego lento para que no se quemen, tapada la sartén con una tapa: cuando estén tiernos retirar y dejarlos enfriar. Limpiamos y desescamamos los chicharros y los ponemos en una rustidera con el resto del aceite y damos un golpe de horno fuerte hasta que estén hechos. Dejamos enfriar. Limpiar la piel, espinas y partes rojas. Hacer tiras. Preparamos una fuente colocando las tiras de pimientos (bien escurridos de aceite) luego los berros (bien lavados y escurridos) dejando el centro para poner el chicharro. El aceite que queda en la rustidera se pasa por un colador, añadimos el zumo de limón; lo batimos bien y lo echamos por encima de la ensalada. Sazonamos de sal si es necesario.

Zacarías Puente: *La cocina de Cantabria*,
Fuenterrabía: Imprenta Ondarribi, 1984.

José Antonio Esteban aporta esta receta, donde aparece el pimiento de Isla: ensalada de pimientos de Isla con anchoas:

Ingredientes: 1,5 kg de pimientos, 20 filetes de anchoas, 1 diente de ajo, aceite de oliva. Elaboración: Primero se asan los pimientos, después se deja enfriar y seguido se pelan. Una vez fríos se cortan en tiras y colocamos en una fuente donde aliñamos con ajo picado, pimienta negra y aceite. A continuación, ponemos los filetes de anchoas encima de los pimientos.

José Antonio Esteban Torres: *Cantabria gastronómica*,
Cantabria: Imgraft, 2002.

Si hay una técnica que ensalza todavía más las cualidades organolépticas del pimiento de Isla, esa es el asado; aquí una receta de Dionisia San Martín, de la Cofradía El Respigo de Laredo:

Ingredientes para 6 personas: 6 pimientos de Isla, aceite, 6 dientes de ajo, tomate frito. Elaboración: Se asan los pimientos en el horno a 160° durante una hora más o menos, girándolos en varias ocasiones; cuando la piel se separa y arruga ya están hechos. Se pelan y se hacen tiras a mano. En una sartén se calienta un poco de aceite y se dora el ajo picado finamente. Se añaden los pimientos, se revuelve brevemente y se añade un poco de azúcar, sal y 2 o 3 cucharadas de tomate frito.

VV. AA. *Nuestras recetas. Sabores de Cantabria*,
Cantabria: Librería Estvdio, 2014.

Valoración local: La localidad de Isla pertenece al municipio de Arnuero y se encuentra a una media de 50 m sobre el nivel del mar. En algunas localidades de Cantabria el cultivo y consumo de pimientos se generalizó por la buena adaptación de esta especie. En la localidad de Isla desde hace más de un siglo había una producción importante. Isla vivía de la ganadería y las hortalizas, luego llegó el turismo y los jóvenes empezaron a trabajar en la hostelería. En el siglo pasado el cultivo del pimiento tenía un papel preponderante en la actividad de la localidad; casi todas las familias poseían un trozo de tierra donde cultivar pimientos para la venta. En los años 50 y 60 se cargaban 4 camiones semanales para ir al mercado de la Esperanza de Santander durante los 2 o 3 meses que duraba la temporada, además de los carros y caballerías que iban a vender por los pueblos. Antes de llegar los camiones, los pimientos se ponían en cestos de castaño o avellano de un metro de altura y un metro de anchura, a los que que se acoplaba un saco de otro metro de altura para hacer las cestas más altas. Con carros llevaban los cestos a Somo, y de allí con barcos a Santander, de cuyo muelle se acercaban al mercado de la Esperanza. En Isla hay un microclima, la tierra es especial para el cultivo. A Santiago Torralbo

Santiago Torralbo Torralbo.

le viene la sabiduría con relación al pimiento de sus padres y abuelos; fue agricultor durante toda su vida, aunque trabajó en una empresa de acero, y junto a su mujer mantuvo el cultivo del pimiento; ahora jubilado, sigue conservando la tradición en torno a este producto.

2. Origen

Localidad: Isla.
Comarca: Trasmiera.
Provincia: Cantabria.
Nombre donante: Santiago Torralbo Fernández y Julia Torralbo Blasco.

273

Evaluador: Ismael Ferrer Pérez.
Nombre productor: Santiago Torralbo Torralbo.

3. Características morfológicas y agronómicas

Color, tamaño, peso y forma: Color rojo; gran tamaño, con una anchura de 6-9 cm, algunos ejemplares alcanzan los 600 g. Forma cuadrada y frutos de entre 7 y 14 cm.

Fecha de siembra, cosecha y labores de campo: El semillero se hace a primeros de marzo; el plantero a primeros de mayo hasta San Isidro. «Por Santa Joaquina, el pimiento todo en el campo», dice el refrán. La recolección va desde primeros de septiembre hasta Todos los Santos. Las labores de campo comienzan esparciendo estiércol y pase de cultivador, preparar los surcos y plantar. Regar cuando se plantan y luego también cuando empiezan a sacar flor; se riega una vez a la semana a goteo hasta septiembre. Luego se ponen los tutores, que consisten en unas varillas para sujetar la planta contra los días de viento.

Observaciones y curiosidades: El pimiento de Isla hace tres, cuatro y cinco picos; tiene una cavidad central grande y forma cuadrada; la carne es gruesa, entre 5 y 7 mm.

Conservación: El pimiento fresco se guarda en cámara a 6-8 grados durante una semana.

4. Aspectos culinarios

Partes comestibles: Toda la carne del fruto.

Cualidades organolépticas: De sabor dulce y notas salinas; textura crujiente.

Valoración gastronómica: Por las condiciones climáticas, las cualidades gastronómicas son especiales y diferentes a otros pimientos. El cambio de temperatura incide mucho en la peculiaridad del sabor de este pimiento. En crudo para ensalada es la primera opción, y con un compañero de viaje como las anchoas se convierte en un plato de auténtico lujo. Asados y pelados con el aderezo de ajo, aceite y sal. El embotado o la conserva en el congelador son las fórmulas artesanas para alargar su vida útil.

Recetas tradicionales: Pimientos de Isla asados, tatín de pimientos de Isla con anchoas y queso de cabra valluco y pimientos con bacalao.

5. Datos culturales de la variedad

El alimento está identificado con el territorio: Sí.

El alimento es reconocido por la cultura gastronómica local: Sí.

El alimento está presente en el recetario tradicional cántabro: Sí.

El alimento está relacionado con alguna fiesta pagana y/o religiosa local: No.

El alimento se cultiva en la actualidad: Sí.

El alimento se comercializa en la actualidad: Sí.

Hortelanos/as: Tres o cuatro vecinos en Isla.

6. Valoración global

Comercialización: Dadas las bondades organolépticas del pimiento, se vende a granel o por cajas en las casas y fruterías, y también en la feria anual del pimiento que se celebra en septiembre en Isla.

Situación actual: Hoy unas pocas personas cultivan pimientos en Isla, entre 20.000 y 30.000 plantas. Los semilleros ya no se hacen como antiguamente

Pimiento de Isla.

275

y se compra la planta, aspecto que homologa la planta con los aspectos positivos y negativos que tiene. La producción no es suficiente para satisfacer la demanda, pero es una renta adicional para unas pocas familias. Cada año es más complejo mantener el cultivo ante la presión que hay por la tierra y las dificultades de conseguir terreno. El enfoque económico hacia el turismo convierte a Cantabria en un paraíso dependiente de lo más básico, el alimento, y evidencia la pérdida de su historia alimentaria y la homologación de su identidad gastronómica a la del resto de ciudades españolas. Santiago, con más de 80 años, mantiene el espíritu por conservar una de las muestras culturales y gastronómicas más enraizadas en la localidad.

Singularidades y potencial del alimento: El pimiento de Isla es un alimento extraordinario y diferenciado; estamos ante un alimento identitario que conserva una historia propia, una cultura y un potencial inédito. Que se mantenga en el tiempo es una responsabilidad de los ciudadanos, para ello hace falta salir del acomodo y cambiar los hábitos alimentarios. El pimiento de Isla es el mejor referente de la localidad y el único que se puede disfrutar con los cinco sentidos.

Semilla de pimiento de freír de Rudagüera.

Ficha n.º 38

Pimiento de freír de Rudagüera

1. Variedad tradicional

Nombres locales: Pimiento del país.
Familia: Solanaceae.
Género: *Capsicum.*
Especie: *C. annuum.*

Citas bibliográficas: Pereda cita la presencia de los pimientos en los mercados semanales:

Después, en espacios más anchos, los zapatos de Novales, las abarcas de Carmona, los yogos y prisiones de Cieza; los montes de pan en roscos, en cruz y en tortas; los calderos y trébedes de Balmaseda; los puestos de baratijas, como dedales de acero, alfileteros de latón, navajas de poco más o menos, cordones de estambre y gargantillas de cristal; las montañas de pimientos morrones y choriceros; los corderos en capilla...

José María de Pereda: *El sabor de la tierruca*, 4.ª ed.,
Madrid: Espasa-Calpe, 1973.

Valoración local: El municipio de Alfoz de Lloredo lo conforman siete pueblos: La Busta, Novales, Cóbreces, Oreña, Rudagüera, Cigüenza, Toñanes y Novales, siendo este último la capital. El territorio se localiza en la costa occidental de la región cántabra. La ganadería y la agricultura fueron la base de la economía hasta hace medio siglo; actualmente, la huerta está en vías de desaparecer por la falta de relevo generacional y la reconversión del territorio al sector servicios. La localidad de Rudagüera se localiza en el interior del municipio, a unos 70 m sobre el nivel del mar, y la componen tres núcleos o barrios: San Pedro, Lloredo y Fresnedo. En el barrio de Lloredo hay terreno repartido en pequeñas parcelas de gran valor hortícola, lo que dio profesionales de la huerta reconocidos. Este pimiento se ha cultivado durante generaciones; se comía en fresco en la temporada y los ejemplares maduros se secaban para su posterior uso. La semilla procede de un trabajo de prospección personal, Pacita la heredó de su madre María. Pacita ha sido una gran hortelana hasta su jubilación esta década. Mantenía más de cinco variedades de alubias, tomates, cebollas y los afamados pimientos de freír. Excepcional hortelana que defendió toda su vida la cultura de la huerta en el mercado de Cabezón de la Sal los domingos. Esta variedad de pimiento la llevaba únicamente ella y causaba gran aceptación cuando llegaba la temporada.

2. Origen

Localidad: Rudagüera.
Comarca: Costa occidental.
Provincia: Cantabria.
Nombre donante: María.
Evaluador: Ismael Ferrer Pérez.
Nombre productor: Hortelana local.

Huerta de Pacita en Rudagüera.

278

3. Características morfológicas y agronómicas

Color, tamaño, peso y forma: Los ejemplares inmaduros son verdes; tamaño pequeño, el peso ronda los 30 g y de forma cónica, de entre 5 a 10 cm de largo. Los ejemplares maduros presentan un color rojo, con un peso de 50 a 100 g.

Fecha de siembra, cosecha y labores de campo: El semillero se prepara en la mengua de marzo; se llevan a campo en el mes de mayo; a mitad de julio se empiezan a recolectar los pimientos verdes, y así hasta el mes de octubre. A la tierra se le da un pase de cultivador y luego de fresa. Se prepara el marco de plantación por hileras y se trasplantan las matas en mayo. Sallar para retirar las malas hierbas. Regar en función de la lluvia.

Observaciones y curiosidades: Alguno pica; se come el fruto inmaduro, que presenta un color verde, frito, pues apenas tiene piel. Cuando alcanzan la madurez y toman el característico color rojo se pueden comer en ensalada, o se secan y la pulpa se utiliza para dar color a la carne, los adobos, etc.

Conservación: Los ejemplares frescos se conservan una semana en cámara, y los pimientos que se secan se guardan durante todo un año; habitualmente, la fórmula era hacer rastras o ensartarlos en un número de 60-70 unidades.

4. Aspectos culinarios

Partes comestibles: De esta variedad se aprovecha la carne. Tradicionalmente, los pimientos son para freír enteros y acompañar un plato.

Cualidades organolépticas: Son sabrosos, presentan un sabor dulce y algunos ejemplares pican.

Valoración gastronómica: Es un alimento que se utilizaba como elemento de guarnición frito o en ensalada con encurtidos.

Elaboraciones y/o recetas de mayor interés: El plato tradicional por excelencia es el de pimientos con patatas fritas, huevo frito y chorizo. Generalmente, se utilizan como elemento de guarnición o acompañamiento de otras elaboraciones.

5. Datos culturales de la variedad

El alimento está identificado con el territorio: Sí.
El alimento es reconocido por la cultura gastronómica local: Sí.
El alimento está presente en el recetario tradicional cántabro: Sí.
El alimento está relacionado con alguna fiesta pagana y/o religiosa local: No.

El alimento se cultiva en la actualidad: Sí.
El alimento se comercializa en la actualidad: Sí.
Hortelanos/as: Cuatro o cinco vecinos en el barrio de Lloredo.

6. Valoración global

Comercialización: No hay comercialización.

Situación actual: En el siglo pasado todos los vecinos tenían la huerta dispuesta para sembrar de todo: a más diversidad de especies, mayor satisfacción en

la mesa. Se aprovechaba cada rincón de tierra. Hoy se mantienen unas pocas huertas con semillas y plantero de compra. Matices que tienen una repercusión jamás vista en otra época y que muestra la desconexión de la sociedad moderna con el campo. A los jóvenes no les interesa la huerta porque los mayores no hemos hecho nada porque fuera lo contrario; y peor todavía, no se educa el paladar, y los jóvenes no tienen asimilado el hecho de pensar que en la diversidad genética están las cualidades y características que agasajan el paladar. El pimiento de freír, por la jubilación de Pacita, ya no se comercializa, y queda en manos de

Pimiento de freír de Rudagüera.

unas pocas familias su cultivo para autoconsumo y para mantener la variedad.

Singularidades y potencial del alimento: La singularidad de este pimiento es proporcional a la cultura que se ha construido en torno a él. Hasta que no comprendamos la sinergia y transcendencia que tiene la relación entre semillas, lugares y personas, no podemos entender lo que significa seguir manteniendo viva una semilla en su entorno secular. El potencial trasciende hacia el sabor por la identidad que le da la tierra, el lugar y el manejo de las personas que cultivan. Todo ello conforma una propuesta distinta, inédita y que está amparada con una historia cierta. Lo que encontramos en los mercados son alimentos donde la única historia es el rédito de ganancia que dejan. El pimiento de freír debería convertirse en un monumento vivo a mantener en el tiempo en Rudagüera.

Otros alimentos singulares

Maíz

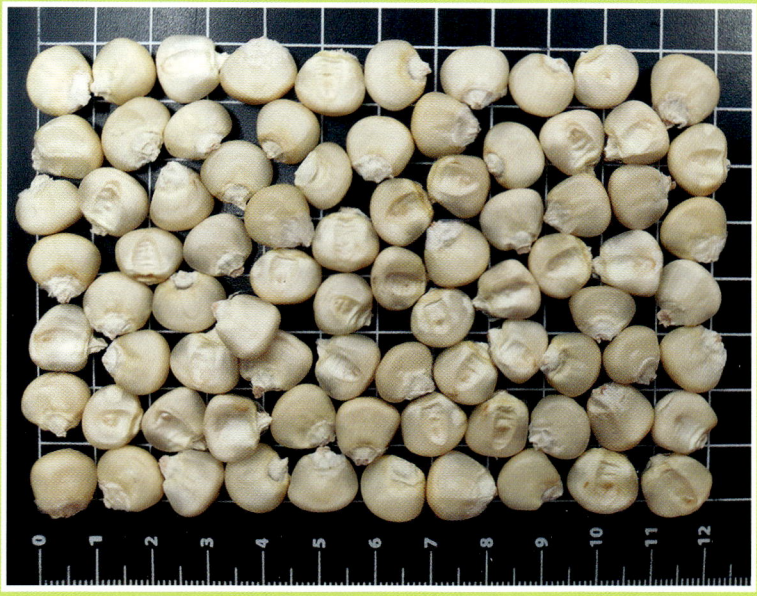

Semilla de maíz blanco de Arenal.

Ficha n.º 39

Maíz blanco de Arenal

1. Variedad tradicional

Nombres locales: Maíz blanco.
Familia: Poaceae.
Género: *Zea.*
Especie: *Zea mays.*

Citas bibliográficas: Madoz señala que la producción en la huerta de Arenal es de:

«Maíz, patatas, algún lino y hortaliza; y alubias, y cría ganado vacuno, lanar, mular y muchísimas gallinas que venden los naturales en Santander y mercados de los pueblos inmediatos».

Pascual Madoz: *Santander Diccionario Geográfico-Estadístico-Histórico,* Salamanca: Ámbito/Estvdio, 1995.

283

Pereda, con intención, recoge lo que comportaba el cultivo del maíz y la alubia en Cantabria:

Con la *secura*, que no cesaba por seguir el tiempo al Sur, las mieses se pusieron hechas una bendición de Dios, y en la última semana de octubre no quedaba una caña de alubias sin *pelar* en las heredades, y las panojas, bien granadas y bien secas, iban a desprenderse ellas solas de los maíces, si muy pronto no las amontonaban sus dueños en el desván. Pero ¡con poco mimo las observaban éstos uno y otro día, para dejarlas expuestas a la voracidad de los cuervos, o a los riesgos del temporal que podía presentarse a la hora menos pensada! ¡El fruto de tantas fatigas, el pan de todo el año!

Los mejores mercados de la villa (porque en la villa se celebra uno cada semana) son los de maíz nuevo. En ese tiempo no hay pobres en el país, y cada cual acude a aquel concurridísimo centro de riqueza a proveerse de lo que no tiene, con un poco de lo que menos necesita.

José María de Pereda: *El sabor de la tierruca*,
4.ª ed., Madrid: Espasa-Calpe, 1973.

Amós de Escalante describe el paisaje en Laredo y luego en la vega donde se mezclan el Saja y el Besaya. El día del mercado en Torrelavega el ajetreo es inmenso, la plaza esta abarrotada y el alimento que describe es parte del paisaje de la época:

Por una llanada de maíz y heno corre el camino de Laredo a Colindres, de Colindres a la marisma y barca de Treto, donde se cruza la ría de Marrón.

Allí los frutos de la tierra: pilas de borona sin moler, recogidas sobre tendidas sábanas; descoloridos trigos de la montaña, el álaga y el cutiano; tiernas alubias de blanca o roja o azotada piel; sabrosas legumbres y frescas verduras; coles y cebollas, y los rojos pimientos y ajos duros de Quevedo.

Amós de Escalante: *Costas y montañas*. Santander:
Ediciones Estvdio, 1.ª ed., 1999.

La recopilación de costumbres realizada por mujeres jóvenes de Arenal de Penagos, entrevistando a señoras mayores del pueblo, indica sobre el maíz un buen número de elaboraciones, donde la harina de maíz es el ingrediente principal: pulientas, polenta, borona, torta borona, torta frita de maíz, tortos, torta preñada y boronchu (VV. AA.: *Recetas de cocina de Arenal de Penagos y su zona,* Santander: Institución Cultural de Cantabria, 1987).

El recetario de Zapico recoge esta elaboración tradicional, donde la harina de maíz es elemento consustancial a la misma y aporta dos fórmulas de prepararla:

«Merdosos. Se conocen dos formas de merdosos, una haciendo una masa firme y tortas finas y otra con una masa líquida y *crêpes* en la sartén».

Recetario Zapico de la cocina de Cantabria,
4.ª Entrega, Santander: Consejería de Cultura, Turismo
y Deporte del Gobierno de Cantabria, 2003).

La publicación sobre el maíz local de Cantabria, elaborada en el Centro de Investigación y Formación Agrarias, es un trabajo de consulta recomendada para tener una visión de lo acontecido en Cantabria con la llegada del maíz. Recojo algunos textos que dan información relevante:

A partir de la década de los 50 del siglo pasado, comenzaron a introducirse en España los híbridos comerciales de maíz que fueron sustituyendo a las variedades locales tradicionales por sus mejores características productivas. El valor de las tradicionales radica fundamentalmente no sólo en poseer genes para caracteres tales como resistencia a enfermedades y plagas, calidad nutritiva y adaptación a condiciones ambientales adversas, sino también por su uso potencial de aquellos caracteres que, aunque no sean reconocidos actualmente, pueden ser un día considerados como indispensables.

Hasta la llegada de los cultivos como el maíz, las alubias, la patata, el tomate o el pimiento, la alimentación de la gran mayoría de la población europea era de gran pobreza nutritiva. En Cantabria, la alimentación estaba basada en la borona, tortas y gachas elaboradas con mijo y centeno, junto con un guiso de verduras —berzas y repollos cocidos con algo de manteca o tocino— que en Cantabria se conocía con el nombre de «pote» o «puchero». A esta pobreza nutritiva se unía el fracaso recurrente de las cosechas de cereales debido a las difíciles condiciones climatológicas de la Cornisa Cantábrica para este tipo de cultivos.

En un inventario de bienes hecho en Treceño en 1620, se registraron «60 celemines de borona, mijo y maíz y 12 celemines de trigo» y en otro inventario de 1629, aparecen «una fanega de trigo y dos fanegas de maíz».

El maíz consiguió transformar de manera transcendente la alimentación de la clase campesina, labriegos, colonos y aparceros, mejorando extraordinariamente su dieta y lo que resulto más importante, al ser un cultivo estival y de ciclo corto, permitió remediar el fracaso ocasional de los cereales de invierno que, con harta frecuencia, habían dado lugar a las terribles hambrunas por falta de alternativa.

Se han caracterizado 72 variedades locales de Cantabria, procedentes del Centro de Recursos Fitogenéticos (CRF-INIA) de Alcalá de Henares, y del Banco de Germoplasma de la Estación Experimental de Aula Dei (EE-AD-CSIC), y de Montañana (Zaragoza). La recolección de esas variedades se inició en la década de los años 60 completándose a finales de los años 80 del pasado siglo.

VV. AA. *Variedades locales de maíz de Cantabria*,
Cantabria: Gobierno de Cantabria, 2013.

Valoración local: Arenal es una localidad que pertenece al municipio de Penagos, situado a 122 m sobre el nivel del mar. Este maíz se destinaba exclusivamente para consumo humano. Se sembraba un corro para el gasto de la casa y luego se sembraba del amarillo para los animales. Para Pedro Luis Ortiz conservar esta semilla es una responsabilidad. En la localidad de la que él es oriundo, Arenal de Penagos, les llaman «los polenteros». Aquí había mucha mies y de buena calidad, y se daba un maíz que tenía fama en la región. Hay que destacar que la harina de este maíz es más fina y con ella se preparan las *pulientas*, una papilla de harina de maíz blanco con leche, elaboración que tuvo un papel importante en la alimentación de las generaciones pasadas, en un tiempo de escasez y menos alternativas alimentarias para llevarse a la boca. Pedro Luis lleva sembrando este maíz durante los últimos 30 años para conservar la semilla. Sus padres cultivaron esta variedad de maíz blanco toda su vida; su madre hacía una torta a la mañana, otra al mediodía y otra a la noche.

2. Origen

Localidad: Arenal de Penagos.
Comarca: Santander.
Provincia: Cantabria.
Nombre donante: Anastasio Ramos.
Evaluador: Ismael Ferrer Pérez.
Nombre hortelano/a: Pedro Luis Ortiz Fernández.

3. Características morfológicas y agronómicas

Color, tamaño, peso y forma: Color blanco; tamaño medio, alrededor de 15 a 20 cm de largo. Peso entre 150 g a 200 g y forma cónica.

Fecha de siembra, cosecha y labores de campo: Sembrar en torno a los días de San Isidro y recolectar para el Pilar. La labor en la tierra comienza con el pase del arado, cuando la tierra lo permite, y pase de cultivador o fresa. La siembra es manual o con máquina. Se realizan uno o dos pases con el sallo para retirar las malas hierbas.

Observaciones y curiosidades: El maíz blanco es más fino y madura antes que otras variedades, el ciclo es más corto. La caña es muy débil; se corta muy fácil y la altura de la planta alcanza el metro y medio. Lo normal es que dé una mazorca y de tamaño medio. Las tortas de este maíz muchas veces sustituían al pan, pues el trigo era muy caro y no había acceso cuando se quería. Cuando se sustituía el agua por la leche se elaboraban las *polientas*; nunca se ponía levadura.

Conservación: El maíz se guarda colgado de las hojas para que se mantenga seco y alejado de los ratones. La harina se molía cada 15-20 días para que conservara todas las cualidades organolépticas.

Pedro Luis Ortiz Fernández.

4. Aspectos culinarios

Partes comestibles: Las hojas de la panoja, para las vacas; las cañas se hacían gavillas y se guardaban para dar a las vacas. El grano, para consumo humano.

Cualidades organolépticas: Muy fino y suave al paladar.

Valoración gastronómica: Estamos frente a un alimento inédito, que satisfacía y que se ganó justa fama por la calidad de la harina.

Recetas tradicionales: Pan de borona, tortas de borona y *pulientas*.

5. Datos culturales de la variedad

El alimento está identificado con el territorio: Sí.

El alimento es reconocido por la cultura gastronómica local: Sí.

El alimento está presente en el recetario tradicional cántabro: Sí.

El alimento está relacionado con alguna fiesta pagana y/o religiosa local: No.

El alimento se cultiva en la actualidad: Sí.

El alimento se comercializa en la actualidad: Sí.

Hortelanos/as: Dos vecinos en Arenal de Penagos.

6. Valoración global

Comercialización: No hay comercialización.

Situación actual: El mantenimiento de esta variedad está en cuatro manos, aspecto que testifica la realidad que están sufriendo las variedades tradicionales. Bendita reflexión la que se debería hacer en Arenal y pueblos colindantes para emprender un cambio y recuperar un monumento que es parte de la cultura e historia de su territorio. Hoy el cultivo se ha detenido y las semillas esperan volver a sentir el abrazo de la tierra para cumplir un nuevo ciclo.

Maíz blanco de Arenal.

Singularidades y potencial del alimento: En Arenal de Penagos este maíz ha sido un referente, pero hoy los jóvenes desconocen la cultura alimentaria de medio siglo atrás, aspecto que pone en riesgo la salvaguarda de la diversidad y motiva el abandono de la cultura culinaria popular.

La singularidad de esta variedad es inequívoca y el potencial es muy grande, solo hace falta creerse, desde el punto de vista social, sostenible, vertebrador y culinario, la identidad que supone este maíz para la localidad y confrontar o buscar si hay otro alimento vegetal que tenga el mismo valor. La educación de los más jóvenes es la vía para conquistar y reconducir el modelo alimentario actual y bajarnos de la falsa realidad a la que quiere acostumbrarnos la agroindustria y los mercados globalizados.

Semilla de maíz de Casar de Periedo.

Ficha n.º 40

Maíz de Casar de Periedo

1. Variedad tradicional

Nombres locales: Maíz de casa o maíz de *tortos*.
Familia: Poaceae.
Género: *Zea*.
Especie: *Zea mays*.

Citas bibliográficas: Madoz señala que la producción en la huerta de Casar de Periedo es de:

«Maíz, alubias, y yerbas de pasto, cría ganado vacuno, y pesca de truchas y anguilas».

Pascual Madoz: *Santander Diccionario Geográfico-Estadístico-Histórico,*
Salamanca: Ámbito/Estvdio, 1995.

Pereda con intención recoge lo que comportaba el cultivo del maíz y la alubia en Cantabria:

Con la *secura*, que no cesaba por seguir el tiempo al Sur, las mieses se pusieron hechas una bendición de Dios, y en la última semana de octubre no quedaba una caña de alubias sin *pelar* en las heredades, y las panojas, bien granadas y bien secas, iban a desprenderse ellas solas de los maíces, si muy pronto no las amontonaban sus dueños en el desván. Pero ¡con poco mimo las observaban éstos uno y otro día, para dejarlas expuestas a la voracidad de los cuervos, o a los riesgos del temporal que podía presentarse a la hora menos pensada! ¡El fruto de tantas fatigas, el pan de todo el año!

Los mejores mercados de la villa (porque en la villa se celebra uno cada semana) son los de maíz nuevo. En ese tiempo no hay pobres en el país, y cada cual acude a aquel concurridísimo centro de riqueza a proveerse de lo que no tiene, con un poco de lo que menos necesita.

José María de Pereda: *El sabor de la tierruca*,
4.ª ed., Madrid: Espasa-Calpe, 1973.

Amós de Escalante escribe sobre las faenas campesinas en Laredo y luego de la vega donde se mezclan el Saja y el Besaya; allí, el día del mercado en Torrelavega el ajetreo es inmenso, la plaza está abarrotada y el alimento que describe es parte del paisaje de la época:

Por una llanada de maíz y heno corre el camino de Laredo a Colindres, de Colindres a la marisma y barca de Treto, donde se cruza la ría de Marrón.

Allí los frutos de la tierra: pilas de borona sin moler, recogidas sobre tendidas sábanas; descoloridos trigos de la montaña, el álaga y el cutiano; tiernas alubias de blanca o roja o azotada piel; sabrosas legumbres y frescas verduras; coles y cebollas, y los rojos pimientos y ajos duros de Quevedo.

Amós de Escalante: *Costas y montañas*. Santander:
Ediciones Estvdio, 1.ª ed. 1999.

María Gloria Corpas destaca un capítulo con el título «Harina de maíz», en el que cita tres elaboraciones:

Fritos de maíz, timbal de maíz y trozos al maíz.

María Gloria Corpas: *Cocina cántabra*, Santander:
M. G. Corpas, 1980.

Un grupo de mujeres ganaderas recogen las tradiciones del pueblo de Orejo, y sobre el maíz señalan:

Además de los anteriormente expuesto, se cultiva y se cultivaba el maíz. Su recogida era de octubre a noviembre, y a partir de ese momento se almacenaban las panojas en casa.

Como hemos dicho anteriormente, este pueblo es ganadero y también se cultiva entre otros, maíz, alubias, patatas, etc., ... antiguamente para el trabajo de la tierra se utilizaba el arado de madera o de hierro, ya que no había tractores como actualmente y se trabajaba de sol a sol. El maíz se llevaba a moler a los molinos del pueblo o pueblos cercanos, como Agüero, Hoznayo, Solares, etc., que con el tiempo han ido desapareciendo o han dejado de funcionar. Por tal motivo no es posible hacer aquellas tortas de borona de maíz, pulientas y cuantas elaboraciones se hacían con harina de maíz, que se consideraba como un auténtico maná en los tiempos más difíciles de esta provincia.

Las polientas de harina de maíz. Las polientas eran un plato que se preparaba hace ya algunos años y que lo tomábamos como desayuno. Para hacerlo se ponía a cocer, harina de maíz y limón durante 5 minutos. Después se añadía la leche, cociéndolo nuevamente durante 10 minutos; añadiendo miel y huevo y revolviéndolo bien, hasta que todo estuviera hecho. La Borona. Es una torta, que se hace con harina de maíz. Para hacerla pasamos por el cedazo o criba la harina. La harina se mide en maquilas y no puedo hablar de cantidades, ya que depende del grosor que se haya quedado la harina al ser molida para que admita más o menos agua. A molienda más fina, se necesita más agua. Para hacerla se pone la harina en un montoncito sobre una mesa; se le hecha sal y agua y se empieza a amasar, añadiendo agua y amasando, hasta que quede una masa dura, que al ponerla sobre una superficie enharinada se pueda aplastar y formar una torta redonda, del grueso que se desee. En el «llar» se pone una buena pila de leña y se le prende fuego. Luego cuando sólo han quedado las ascuas, se retiran con una escoba y se barren para una orilla. Allí se pone la torta y se tapa con la lata. Se le echan encima las ascuas y también se colocan alrededor. Al principio con una paleta, o con un fuelle se le dar aire durante una media hora, o a intervalos pequeñitos. Después se saca del fuego. Ya doradita se comía con unos torreznos fritos a los que se le echaba un huevo batido, ya que entonces había pocos; y con un tanque de leche maciza, a segar durante todo el día.

VV. AA.: *Las tradiciones de la localidad cántabra de Orejo narradas por sus mujeres*, Santander: Institución Cultural de Cantabria, 1987.

Carmen González Echegaray nos cuenta una receta donde el maíz es el protagonista:

«Boronos. Producto hecho de sangre y harina de maíz»

Carmen González Echegaray: *La matanza o «matancio» del cerdo en Cantabria*, Bilbao: Caja Cantabria,1993.

El recetario de Zapico recoge esta elaboración tradicional donde la harina de maíz es elemento consustancial a la misma y aporta dos fórmulas de prepararla:

«Merdosos. Se conocen dos formas de merdosos, una haciendo una masa firme y tortas finas y otra con una masa líquida y *crêpes* en la sartén»

Recetario Zapico de la cocina de Cantabria, 4.ª Entrega, Santander: Consejería de Cultura, Turismo y Deporte del Gobierno de Cantabria, 2003.

La publicación sobre el maíz local de Cantabria, elaborado en el Centro de Investigación y Formación Agrarias, es un trabajo de consulta recomendado para tener una visión de lo acontecido en Cantabria con la llegada del maíz. Recojo algunos textos que dan información relevante:

A partir de la década de los 50 del siglo pasado, comenzaron a introducirse en España los híbridos comerciales de maíz que fueron sustituyendo a las variedades locales tradicionales por sus mejores características productivas. El valor de las tradicionales radica fundamentalmente no sólo en poseer genes para caracteres tales como resistencia a enfermedades y plagas, calidad nutritiva y adaptación a condiciones ambientales adversas, sino también por su uso potencial de aquellos caracteres que, aunque no sean reconocidos actualmente, pueden ser un día considerados como indispensables.
Hasta la llegada de los cultivos como el maíz, las alubias, la patata, el

tomate o el pimiento, la alimentación de la gran mayoría de la población europea era de gran pobreza nutritiva. En Cantabria, la alimentación estaba basada en la borona, tortas y gachas elaboradas con mijo y centeno, junto con un guiso de verduras —berzas y repollos cocidos con algo de manteca o tocino— que en Cantabria se conocía con el nombre de «pote» o «puchero». A esta pobreza nutritiva se unía el fracaso recurrente de las cosechas de cereales debido a las difíciles condiciones climatológicas de la Cornisa Cantábrica para este tipo de cultivos.

En un inventario de bienes hecho en Treceño en 1620, se registraron «60 celemines de borona, mijo y maíz y 12 celemines de trigo» y en otro inventario de 1629, aparecen «una fanega de trigo y dos fanegas de maíz».

El maíz consiguió transformar de manera transcendente la alimentación de la clase campesina, labriegos, colonos y aparceros, mejorando extraordinariamente su dieta y lo que resulto más importante, al ser un cultivo estival y de ciclo corto, permitió remediar el fracaso ocasional de los cereales de invierno que, con harta frecuencia, habían dado lugar a las terribles hambrunas por falta de alternativa.

Se han caracterizado 72 variedades locales de Cantabria, procedentes del Centro de Recursos Fitogenéticos (CRF-INIA) de Alcalá de Henares, y del Banco de Germoplasma de la Estación Experimental de Aula Dei (EE-AD-CSIC), y de Montañana (Zaragoza). La recolección de esas variedades se inició en la década de los años 60 completándose a finales de los años 80 del pasado siglo.

VV. AA. *Variedades locales de maíz de Cantabria*,
Cantabria: Gobierno de Cantabria, 2013.

Valoración local: Casar de Periedo es una localidad que pertenece al municipio de Cabezón de la Sal, situado a 90 m de altitud, en una vega llana por donde discurre el río Saja. El maíz fue uno de los alimentos principales hasta hace tan solo unas décadas. El modelo alimentario moderno y la revolución industrial han hecho que se marginen los productos locales y estén en grave riesgo de desaparecer; el maíz tradicional, probablemente, sea el que más ha sufrido este hecho. Soledad es una mujer nonagenaria de quitarse el sobrero. Nació en Francia, pero se crió y ha vivido toda su vida en Casar de Periedo. Para ella el maíz es un referente dentro del modelo alimentario que ha conservado a lo largo de su vida; el sabor de los *tortos* con la harina de maíz que ha conversado y heredado de su madre es inigualable. A su edad todavía tiene el entu-

Soledad Lastra Ibáñez.

siasmo y las fuerzas para ir a la huerta y mantener el vínculo con la tierra; todo un ejemplo de equilibrio, sensatez e integridad, que pone en relevancia las cosas que son realmente importantes.

2. Origen

Localidad: Casar de Periedo.
Comarca: Saja-Nansa.
Provincia: Cantabria.
Nombre donante: María Ibáñez Ruiz.
Evaluador: Ismael Ferrer Pérez.
Nombre hortelano/a: Soledad Lastra Ibáñez.

3. Características morfológicas y agronómicas

Color, tamaño, peso y forma: Color amarillo y naranja; tamaño mediano, alrededor de 17 a 22 cm de largo. Peso entre 180 gr a 250 gr y forma cilíndrica.

Fecha de siembra, cosecha y labores de campo: La siembra, desde San Isidro a San Juan; la cosecha era en torno a la festividad del Pilar. La mies para el maíz comienza con un pase de arado y luego de cultivador o fresa. La siembra, manual o con máquina. Se salla un par de veces en la nascencia para retirar las hierbas.

Observaciones y curiosidades: La planta presenta una caña fina; la longitud puede alcanzar los dos metros y medio. Por la longitud de la caña, se solía aporcar tierra para sostener la misma; la propia caña hacía de tutor para sostener las alubias de mata alta que se sembraban en la población. El maíz da sombra a la alubia, y ese factor hacía que la combinación del maíz y la alubia en el campo fuera muy utilizada en las huertas. La mazorca tiene entre 8-12 carreras.

Conservación: El maíz se guarda colgado de las hojas para que se mantenga seco y alejado de los ratones. La harina, una vez molida, es mejor conservarla en la nevera o en el congelador.

4. Aspectos culinarios

Partes comestibles: El grano se destina para consumo humano. Las hojas servían de comida a los animales.

Cualidades organolépticas: El sabor de esta variedad es excepcional, ello ha hecho que se haya mantenido hasta nuestros días.

Valoración gastronómica: Todas las cualidades singulares que ofrece lo dotan de un protagonismo único para poder elaborar y mantener la esencia y sabor de las recetas tradicionales de maíz.

Recetas tradicionales. *Tortos, pulientas* o jaleas, etc.

5. Datos culturales de la variedad

El alimento está identificado con el territorio: Sí.

El alimento es reconocido por la cultura gastronómica local: Sí.

El alimento está presente en el recetario tradicional cántabro: Sí.

El alimento está relacionado con alguna fiesta pagana y/o religiosa local: No.

Maíz de Casar de Periedo.

El alimento se cultiva en la actualidad: Sí.

El alimento se comercializa en la actualidad: Sí.

Hortelanos/as: 2 jubilados en Casar de Periedo.

6. Valoración global

Comercialización: No hay comercialización actualmente.

Situación actual: Soledad cultiva este maíz como lo lleva haciendo 8 décadas; para ella es algo consustancial a su vida y es parte de una cultura vivida e integrada desde la niñez. En este momento unos pocos jubilados cultivan esta variedad en Casar de Periedo para autoconsumo y mantener la variedad. Soledad, con una sonrisa, me transmite que cada día desayuna un vaso de leche y dos *tortos* de maíz.

Singularidades y potencial del alimento: Destaca el peso de las mazorcas y el sabor que es diametralmente opuesto al maíz hibrido que se cultiva en la actualidad. De esa manera, contribuir a la desaparición de esta u otras variedades de maíz tradicional es un considerable error que muestra sin complejos el deterioro de la cultura alimentaria de la sociedad actual y no contempla las consecuencias que de ello se deriva en la aculturación y dependencia de la sociedad moderna frente a la agroindustria. Por lo tanto, estamos frente a una variedad singular y con un potencial fuera de toda duda. Con la confianza de que las generaciones jóvenes entiendan este mensaje para revertir la situación actual.

Semilla de maíz de Peñacastillo.

Ficha n.º 41

Maíz de Peñacastillo

1. Variedad tradicional

Nombres locales: Maíz del país.
Familia: Poaceae.
Género: *Zea.*
Especie: *Zea mays.*

Citas bibliográficas: Madoz señala que la producción en la huerta de Peñacastillo es de:

«Maíz, trigo, cáñamo, frutas, legumbres, patatas y algunos pastos para el ganado que cría».

Pascual Madoz: *Santander Diccionario Geográfico-Estadístico-Histórico,*
Salamanca: Ámbito/Estvdio, 1995

297

Pereda nos da una idea de lo que comportaba el cultivo del maíz y la alubia en Cantabria:

Con la *secura*, que no cesaba por seguir el tiempo al Sur, las mieses se pusieron hechas una bendición de Dios, y en la última semana de octubre no quedaba una caña de alubias sin *pelar* en las heredades, y las panojas, bien granadas y bien secas, iban a desprenderse ellas solas de los maíces, si muy pronto no las amontonaban sus dueños en el desván. Pero ¡con poco mimo las observaban éstos uno y otro día, para dejarlas expuestas a la voracidad de los cuervos, o a los riesgos del temporal que podía presentarse a la hora menos pensada! ¡El fruto de tantas fatigas, el pan de todo el año!

Los mejores mercados de la villa (porque en la villa se celebra uno cada semana) son los de maíz nuevo. En ese tiempo no hay pobres en el país, y cada cual acude a aquel concurridísimo centro de riqueza a proveerse de lo que no tiene, con un poco de lo que menos necesita.

José María de Pereda: *El sabor de la tierruca*,
4.ª ed., Madrid: Espasa-Calpe, 1973.

Amós de Escalante describe el paisaje en Laredo y luego en la vega donde se mezclan el Saja y el Besaya. El día del mercado en Torrelavega el ajetreo es inmenso, la plaza esta abarrotada y el alimento que describe es parte del paisaje de la época:

Por una llanada de maíz y heno corre el camino de Laredo a Colindres, de Colindres a la marisma y barca de Treto, donde se cruza la ría de Marrón.

Allí los frutos de la tierra: pilas de borona sin moler, recogidas sobre tendidas sábanas; descoloridos trigos de la montaña, el álaga y el cutiano; tiernas alubias de blanca o roja o azotada piel; sabrosas legumbres y frescas verduras; coles y cebollas, y los rojos pimientos y ajos duros de Quevedo.

Amós de Escalante: *Costas y montañas*. Santander:
Ediciones Estvdio, 1.ª ed., 1999.

El trabajo de campo que realiza Javier López describe la realidad de una comunidad del valle de Liébana. Un trabajo de gran interés por las reflexiones y concreciones a las que llega el autor, donde se muestra el ocaso de un modelo de vida rural duro y sacrificado. El modelo social de comunidades rurales pierde su identidad ante el éxodo de buena parte de los habitantes a un modelo de vida en núcleos nuevos, donde la industria genera puestos de trabajo y hace tambalearse el modelo de economías rurales que no se adaptan a una nueva realidad social:

En realidad, la producción y conservación de alimentos por y para el grupo humano mismo, y su ganado, constituye, en esta comunidad, el centro de la más antigua y persistente obsesión cotidiana. La dedicación al trigo priva sobre cualquier otra. Luego están la patata, la borona (maíz «de comer») cultivada en asociación con la alubia blanca; pinta, el garbanzo, la lenteja, legumbre (muelas) y las habas. Los pequeños huertos al lado de casa proporcionaban, en general berza y fruta (manzana, pera, sobre todo, y poca cereza). Los castaños y nogales siempre son propiedad particular y lo normal es que estuvieran en las inmediaciones del pueblo, bordeando el camino o el prao.

De esta manera puede comprobarse que la parte más sustanciosa del terrazgo es la ocupada, por el cereal (trigo-maíz), las patatas y leguminosas.

El otro cereal que ocupaba un lugar importante en la alimentación humana era la borona o maíz «de comer» (Zea Mays). Su siembra tenía lugar durante la primera o segunda semana de abril, (cuando canta el cucu). Cuando está medio crecida se «salla» (limpiar la planta de hierbas parásitas) con azadilla y se «mulle» (arrimar y repartir adecuadamente la tierra a las plantas) con el arado. Ya no se hacen más labores con la borona hasta su corta, que se hace con hoz hacía la mitad de octubre, aprox.

Javier López Linage: *Antropología de la ferocidad cotidiana: supervivencia y trabajo en una comunidad cántabra*, Madrid: Servicio de publicaciones agrarias, 1978.

Las mujeres ganaderas de la localidad de Mirones recogen todos estos aspectos sobre lo que significó el maíz para los habitantes de la comarca:

Deshoja. Una vez recogido todo el maíz, se juntaban familia, vecinos y amigos para deshojar. Durante el tiempo que duraba la deshoja todo eran chistes y buen humor. Se lanzaban panojazos entre mozos y mozas; y una vez acabado el trabajo del día, se cocían castañas en una caldera de cobre, junto con un puñado de sal; el vino acompañaba y la juerga continuaba en la cocina de la casa hasta que amanecía. En casi todas las casas del pueblo se organizaba fácilmente esta misma fiesta, ya que la frase «mañana en mi casa» era suficiente para continuar de nuevo al día siguiente.

Parece ser que años muy atrás se llegaron a cultivar todos los rincones del pueblo, sobre todo de maíz, con el que hacer la torta, alimento diario, que llegaba a amasarse 2 y 3 veces al día.

Las salladoras. Hasta hace unos 35 años, que se empezó a sallar con caballos, era costumbre que mujeres de Mirones se desplazaran a pueblos de la costa como Somo, Gajano, Carriazo o Meruelo para sallar el cultivo del maíz. Esta salida hacía la costa suponía una ayuda económica a la familia, a la vez que traían alubias y maíz. Posteriormente al sallado y antes de su recogida se iba nuevamente a despuntar el maíz, con el mismo pago en dinero o en especie. Al mismo tiempo se recogían las alubias. Estas alubias de la costa surtían a gran parte de la provincia. Actualmente el maíz se siembra principalmente para ensilar y estas operaciones hechas por mujeres de Mirones, desaparecieron con la mecanización.

El pan que consumíamos era el de las panojas molidas. Mezclábamos harina de maíz, agua y sal. Amasábamos bien con las manos y formábamos la torta. La poníamos sobre el llar, que estaba caliente de haber quemado en él leña del bosque como espino, haya o roble. Se tapaba con la lata y se cubría con brasas rodeando la lata con cenizas, para que se cociera la torta.

Y deja estas 3 recetas con harina de maíz; la borona, boronos y la torta de cascaritos.

Tradiciones y gastronomía. Merachas. Santander:
Institución Cultural de Cantabria, 1987.

El recetario de Zapico recoge esta elaboración tradicional, donde la harina de maíz es elemento consustancial a la misma y aporta dos fórmulas para prepararla.

«Merdosos. Se conocen dos formas de merdosos, una haciendo una masa firme y tortas finas, y otra con una masa líquida y *crêpes* en la sartén».

Recetario Zapico de la cocina de Cantabria,
4.ª Entrega, Santander: Consejería de Cultura, Turismo
y Deporte del Gobierno de Cantabria, 2003.

Esta curiosa elaboración realizada con la harina de maíz constata la audacia en cómo preparar un plato para que gustase a todos:

Tortos de maíz con picadillo. Ingredientes: huevos caseros, 4 unidades, picadillo de matanza ¼ kilo, harina de maíz, harina de trigo, agua, aceite y sal. Elaboración: Se ponen en un bol la harina de maíz y la de trigo (la cuarta parte que la de maíz) y agua caliente con sal. Se remueve y se amasa durante unos cinco minutos. Se hacen bolas y se aplastan para poder hacer tortas finas. Se fríen en aceite muy caliente. A continuación, se saltea el picadillo. Finalmente se fríen los huevos. Presentación: se dispone en el plato una torta, encima picadillo y finalmente el huevo frito.

Juan Cagigas: *Saboreando Cantabria*, Santander: Editorial Blue&Black, 2009.

La publicación sobre el maíz local de Cantabria, elaborado en el Centro de Investigación y Formación Agrarias, es un trabajo de consulta recomendado para tener una visión de lo acontecido en Cantabria con la llegada del maíz. Recojo algunos textos que dan información relevante:

A partir de la década de los 50 del siglo pasado, comenzaron a introducirse en España los híbridos comerciales de maíz que fueron sustituyendo a las variedades locales tradicionales por sus mejores características productivas. El valor de las tradicionales radica fundamentalmente no sólo en poseer genes para caracteres tales como resistencia a enfermedades y plagas, calidad nutritiva y adaptación a condiciones ambientales adversas, sino también por su uso potencial de aquellos caracteres que, aunque no sean reconocidos actualmente, pueden ser un día considerados como indispensables.

Hasta la llegada de los cultivos como el maíz, las alubias, la patata, el tomate o el pimiento, la alimentación de la gran mayoría de la población europea era de gran pobreza nutritiva. En Cantabria, la alimentación estaba basada en la borona, tortas y gachas elaboradas con mijo y centeno, junto con un guiso de verduras -berzas y repollos cocidos con algo de manteca o tocino- que en Cantabria se conocía con el nombre de «pote» o «puchero». A esta pobreza nutritiva se unía el fracaso recurrente de las cosechas de cereales debido a las difíciles condiciones climatológicas de la Cornisa Cantábrica para este tipo de cultivos.

En un inventario de bienes hecho en Treceño en 1620, se registraron «60 celemines de borona, mijo y maíz y 12 celemines de trigo» y en otro inventario de 1629, aparecen «una fanega de trigo y dos fanegas de maíz».

El maíz consiguió transformar de manera transcendente la alimentación de la clase campesina, labriegos, colonos y aparceros, mejorando extraordinariamente su dieta y lo que resulto más importante, al ser un cultivo estival y de ciclo corto, permitió remediar el fracaso ocasional de los cereales de invierno que, con harta frecuencia, habían dado lugar a las terribles hambrunas por falta de alternativa.

Se han caracterizado 72 variedades locales de Cantabria, procedentes del Centro de Recursos Fitogenéticos (CRF-INIA) de Alcalá de Henares, y del Banco de Germoplasma de la Estación Experimental de Aula Dei (EE-AD-CSIC), y de Montañana (Zaragoza). La recolección de esas variedades se inició en la década de los años 60 completándose a finales de los años 80 del pasado siglo.

VV. AA. *Variedades locales de maíz de Cantabria*,
Cantabria: Gobierno de Cantabria, 2013.

Valoración local. Peñacastillo es una localidad del municipio de Santander, situada a 50 m sobre el nivel del mar. El maíz, que llegó con el descubrimiento de América, fue un elemento trasformador en la vida de los habitantes gracias a la excelente adaptación en el territorio cántabro. El cultivo del trigo era muy incierto y de escasa productividad. Todo alimento nuevo tiene que pasar su tiempo de adaptación y reconocimiento. Para facilitar su introducción, el maíz no pagaba diezmo a la Iglesia por carecer de interés. Tres siglos de gloria regalaron el maíz a los cántabros con la facilidad de cultivo y la rápida dispersión de este, y en tan solo unas pocas décadas del final del siglo pasado se ha ido al traste casi toda la cultura en torno al maíz tradicional. La llegada del hibrido ha sido el mazazo que pone en riesgo la diversidad de maíz tradicional en el campo cántabro. El grano sin moler era para alimento de las gallinas y, una vez molido, se utilizaba en cocina para elaborar principalmente *tortos* con la harina más fina; y con la harina más gruesa se hacen deliciosas galletas. La cultura culinaria ligada a esta variedad de maíz es muy interesante en Cantabria, y por ello debemos señalar elaboraciones con nombre propio como; *pulientas*, *boronos*, *formigos*, talos y *pantrueques*. Mónica me da la semilla que su familia ha cultivado por más de un siglo, sigue viviendo en la finca de Peñacastillo, donde se plantaba el maíz que ella ya no cultiva; se muestra muy orgullosa del maíz que cultivaban su padre y su marido, pues fue un alimento importante para el consumo humano y también para los animales.

2. Origen

Localidad: Peñacastillo.
Comarca: Santander.
Provincia: Cantabria.
Nombre donante: Arturo Bravo Calderón.

Evaluador: Ismael Ferrer Pérez.
Nombre productor: Ana Rodríguez de la Iglesia.

3. Características morfológicas y agronómicas

Color, tamaño, peso y forma: Color amarillo y rojo, tamaño mediano, alrededor de 17 a 20 cm de largo. Peso entre 200 gr a 250 gr y forma cilíndrica.

Fecha de siembra, cosecha y labores de campo: La época de siembra, desde finales de abril y durante todo el mes de mayo. La recolección, en el mes de octubre. La labor en el campo comienza con un pase de arado y

Iglesia de San Lorenzo en Peñacastillo.

luego de cultivador o fresa, marcaje de líneas y siembra manual o con máquina. Se le aporca un poco de tierra para darle fuerza al tallo frente al viento. Hay que sallar en la nascencia para retirar las malas hierbas.

Observaciones y curiosidades: Destaca por su tallo robusto y alto, sobrepasa los dos metros. El maíz servía de guía y soporte las alubias de porte alto.

Conservación: El maíz se guarda colgado de las hojas para que se mantenga seco y alejado de los ratones. La harina, una vez molida, es mejor conservarla en el congelador.

4. Aspectos culinarios

Partes comestibles: El grano, para consumo humano. Las hojas servían de comida a los animales.

Cualidades organolépticas: Destaca su sabor dulce y versatilidad para poder combinarlo con otros alimentos.

Valoración gastronómica: Entre los mayores todavía se tiene el recuerdo de lo que significó el maíz dentro de la gastronomía popular, por todo lo que aportó en la alimentación cotidiana. Contrasta la facilidad con la que se ha perdido el vínculo entre el maíz y su producción local y la adquisición de otros alimentos que tienen un escaso valor nutricional y solo esconden un alto valor comercial.

Recetas tradicionales: Fritos de maíz, timbal de maíz, *tortos* de maíz, *pulientas*, polenta, borona, torta frita de maíz, torta preñada y *boronchu.*

5. Datos culturales de la variedad

El alimento está identificado con el territorio: Sí.

El alimento es reconocido por la cultura gastronómica local: Sí.

El alimento está presente en el recetario tradicional cántabro: Sí.

El alimento está relacionado con alguna fiesta pagana y/o religiosa local: No.

El alimento se cultiva en la actualidad: Sí.

El alimento se comercializa en la actualidad: No.

Hortelanos/as: Socios de la Red de Semillas de Cantabria.

Maíz de Peñacastillo.

6. Valoración global

Comercialización: No hay comercialización.

Situación local: El origen de este maíz viene de Peñacastillo y Santa Cruz de Bezana. Ana Rodríguez lleva cultivando esta variedad junto con alubias desde hace 20 años. Durante este tiempo ha intentado mantener la misma selección de semilla que realizaba su suegro, buscando las mazorcas más grandes y bonitas, y conservando los dos colores: amarillo y rojizo. Debido a los problemas de encamado del maíz, que es muy fuerte y vigoroso, pero también muy alto, desde hace unos años ha comenzado a priorizar otro tipo de selección. Ahora da prioridad a la característica de altura de la inserción de la mazorca, seleccionando las plantas de mazorcas más bajas. También busca precocidad, por lo que seleccionó las plantas más precoces de la población, todo esto enmarcado en mantener una buena diversidad, con un maizal de más de 500 plantas, y dejando sin recoger las dos filas exteriores para reducir posibles cruzamientos con polen de maíz híbrido de los vecinos. Como resultado de estas selecciones, las mazorcas ya no son tan grandes, pero son más precoces y menos sensibles al viento. Ana usa el maíz para sujetar las alubias y para dar las hojas a las ovejas —poda del maíz, para que sequen mejor las alubias, como se hacía tradicionalmente—. El grano lo muele en un pequeño molino eléctrico de piedra, usando la harina fina en cocina para hacer *tortos* y añadir al pan de trigo y la harina gruesa, con más sémola, para hacer galletas. Lo cultiva para autoconsumo y regenerar la semilla.

Singularidades y potencial del alimento: Según el *Diccionario geográfico-estadístico e histórico de España* de Pascual Madoz, el maíz durante el siglo XIX fue base importante de la alimentación de los seres humanos que habitaron esta tierra, creando en torno a él una cultura gastronómica importante y una diversidad de especies, como también recoge el libro editado por el Gobierno de Cantabria, de la Consejería de Ganadería, Pesca y Desarrollo Rural: *Variedades locales de maíz de Cantabria*. Las modas y los hábitos culinarios han cambiado, pero conviene destacar las singularidades y el potencial que este producto puede ofrecer a la gastronomía y la alimentación como elemento vertebrador, sostenible y saludable para la región de Cantabria. Por último, hay que señalar que, a pesar de no contener gluten, ha quedado relegado tanto el cultivo como el consumo por darle una connotación de alimento de pobres, hecho que muestra una debilidad de la propia cultura y la reduce considerablemente por la pérdida de este hábito hortícola y gastronómico. Tanto la Red de Semillas de Cantabria como el CIFA de Cantabria conservan esta variedad local para evitar su desaparición, mantener la diversidad y esperar ver pronto su cultivo en las mieses de Cantabria.

CONCLUSIONES

Desde que llegué como docente a Cantabria en el curso escolar 2019-2020, han sido 5 años de búsqueda ininterrumpida, donde he podido conocer un maná de sabiduría, a la vez que me he empapado de la intuición de los nativos sobre el mundo agrícola de este territorio. Es una realidad que algunas variedades se han perdido para siempre, y este trabajo pretende poner en valor la diversidad hasta hoy presente por un lado, y reconocer y dar mérito a la labor realizada por los informantes y mantenedores de la huerta en el presente siglo XXI por otro. Muchos de esos alimentos, gracias a su compromiso, todavía hoy siguen entre nosotros.

Es evidente que la sociedad en su conjunto, la buena política y los responsables en materia educativa deben dar un paso al frente si de verdad se quiere hacer algo íntegro y honesto por la cultura alimentaria local. En cualquier área, y especialmente en las artes, hay centenares de catálogos donde se recogen listados de monumentos, cuadros, etc., pero no hay un listado donde se recoja mínimamente una aproximación a la diversidad vegetal que dio de comer a las generaciones que nos han precedido.

Deslocalizar la producción de alimentos y dar la espalda al patrimonio alimentario tradicional muestra el abandono sin paliativos al que se ha sometido al mundo rural, al campo y al alimento. Mirar para otro lado ante este dramático fenómeno significa no haber entendido nada y hacer una lectura arbitraria y subjetiva de lo que está pasando.

Si continuamos así, en unos pocos años más, las tradiciones identitarias alimentarias, las que dotan de singularidad y expresaban matices de los pueblos que a la vez son complementarios a otros lugares, van a perderse para siempre. Esta aculturación alimentaria está adormeciendo a la sociedad moderna, una situación que atenta contra la dignidad humana, supone el desprecio al disfrute en la mesa y genera desequilibrio en la relación entre alimentos, personas y lugares.

Por todos estos argumentos, las próximas generaciones nos juzgarán por haber tomado el camino fácil, la vía del acomodo y la decisión de no querer asumir responsabilidades, indicadores que muestran el desapego de la sociedad actual ante el gusto y la cultura alimentaria.

Termino este trabajo con la confianza de que sirva para abrir nuevos espacios de reflexión y análisis, especialmente para aquellas personas que la ceguera no les permite ver ni intuir el fracaso que supone dejar el alimento fuera del ámbito educativo, social y político y a merced o en manos de la especulación.

Invito a poner una mirada positiva sobre el futuro y recordar que solo el trabajo que sale del corazón es verdadero, todo lo otro corresponde a la cabeza y más veces de las que podemos imaginar nos aparta del verdadero sentido de la vida, ¡Ser felices! Estimado lector, en conciencia te comparto que este libro contiene un buen número de ingredientes para acercarnos a la felicidad.

FUENTES CONSULTADAS

Bibliografía

Cebollito de Barcenillas

Cebolla de Bedoya

DE LA SERNA, Víctor: *Nuevo viaje de España*, Madrid: Prensa Española, 1955, p.184.

GONZÁLEZ ECHEGARAY, Carmen: *La matanza o «matancio» del cerdo en Cantabria,* Bilbao: Caja Cantabria, 1993, pp. 81, 125, 126 y 127

CARRAVEDO, Miguel y MALLOR, Cristina: *Variedades autóctonas de cebollas españolas*, Zaragoza: Gobierno de Aragón, 2007, pp. 199, 200, 201 y 202.

Cebolla ajera de Campo de Ebro

Cebolla roja de año de Carandía

MADOZ, Pascual: *Santander Diccionario Geográfico-Estadístico-Histórico,* Salamanca: Ámbito/Estvdio, 1995, pp. 41,163 y 302.

DE ESCALANTE, Amós: *Costas y montañas,* Santander: Ediciones Estvdio, 1.ª ed. 1999, p. 192.

PÉREZ, Dionisio: *Guía del Buen Comer,* Valladolid: Editorial Maxtor, 2005, pp. 206 y 207.

CORPAS, María Gloria: *Cocina cántabra,* Madrid: M. G. Corpas, 1980, pp. 12 y 13.

GONZÁLEZ ECHEGARAY, Carmen: *La matanza o «matancio» del cerdo en Cantabria,* Bilbao: Caja Cantabria, 1993, pp. 35, 45, 78, 85, 89, 96, 97, 101, 104, 107, 110, 111, 112, 114, 117, 118, 121, 122, 124, 125, 126 y 127.

Recetario Zapico de la cocina de Cantabria, 1.ª Entrega, Cantabria: Gobierno de Cantabria, 2000, p. 27.

CARRAVEDO, Miguel y MALLOR, Cristina: *Variedades autóctonas de cebollas españolas*, Zaragoza: Gobierno de Aragón, 2007, pp. 195, 196, 197, y 198.

Puerro de Casar de Periedo

CORPAS, María Gloria: *Cocina cántabra,* Madrid: M. G. Corpas, 1980, pp. 13, 14 y 15.

PUENTE, Zacarías: *La cocina de Cantabria*, Fuenterrabía: Imprenta Ondarribi, 1994, pp. 47, 82, 86, 91, 120 y 147.

Chirivía de Duña

DE PEREDA, José María: *El sabor de la tierruca*, 4.ª ed., Madrid: Espasa-Calpe, 1973, pp. 116 y 119.

PUENTE, Zacarías: *La cocina de Cantabria*, Fuenterrabía: Imprenta Ondarribi, 1994, p. 132.

ESTEBAN, José Antonio: *Cantabria gastronómica,* Cantabria: Imgraft, 2002, p. 195.

Berza amarrilla rizada de Bielva
DE PEREDA, José María: *La puchera*, Santander: Tantín y Anthony H. Clarke, 2001, p. 180.
La cocina tradicional de Cantabria, Oviedo: Asturlibros, 1981, pp. 59 y 60.
Revista. *Cuadernos de Campoo*. Número 23, marzo 2001, p. 28.
ESTEBAN, José Antonio: *Cantabria gastronómica,* Cantabria: Imgraft, 2002, p. 211.

Berza amarilla de Hortigal
LÓPEZ LINAGE, Javier: *Antropología de la ferocidad cotidiana: supervivencia y trabajo en una comunidad cántabra*, Madrid: Servicio de publicaciones agrarias, 1978, p. 160.
PUENTE, Zacarías y Villanueva Inés: *La cocina de Cantabria*, 2ª. ed., Fuenterrabía: Imprenta Ondarribi, 1985, p. 85.
ESTEBAN, José Antonio: *Cantabria gastronómica,* Cantabria: Imgraft, 2002, pp. 42, 147 y 211.

Respigo de Colindres
SAIZ VIADERO, José Ramón: *Comer en Cantabria*, Madrid: Ediciones Penthalon, 1981, p. 79.
PUENTE, Zacarías: *La cocina de Cantabria*, Fuenterrabía: Imprenta Ondarribi, 1994, pp. 92 y 93.
Nuestra Cocina-Cantabria. Cantabria: Ciro ediciones, S. A., 2004, p. 46.
Recetario Zapico de la cocina de Cantabria, 6.ª Entrega, Cantabria: Gobierno de Cantabria, 2010, p. 7.
Nuestras recetas. Sabores de Cantabria, Cantabria: Librería Estvdio, 2014, p. 68.

Nabo de patas de Naroba
MADOZ, Pascual: *Santander Diccionario Geográfico-Estadístico-Histórico,* Salamanca: Ámbito/Estvdio, 1995, pp. 55, 67, 72, 94, 139, 150, 158, 186, 240,296, 308.
SAIZ VIADERO, José Ramón: *Comer en Cantabria*, Madrid: Ediciones Penthalon, 1981, pp. 164.
CORPAS, María Gloria: *Cocina cántabra*, Madrid: M. G. Corpas, 1980, p. 19.
Recetas de cocina de Arenal de Penagos y su zona, Santander: Institución Cultural de Cantabria, 1987, pp. 45 y 46.

Garbanzo de Valmeo
MADOZ, Pascual: *Santander Diccionario Geográfico-Estadístico-Histórico,* Salamanca: Ámbito/Estvdio, 1995, pp. 33, 49, 54, 55, 56, 72, 111, 141, 146 y 176.
GARCÍA, Eduardo*: Los Picos de Europa, Liébana y lebaniegos,* Santander: Ayuntamiento de Camaleño, 1972, pp. 106 y 107.
La cocina tradicional de Cantabria, Oviedo: Asturlibros, 1981, pp. 34 y 35.
SAIZ VIADERO, José Ramón: *Comer en Cantabria*, Madrid: Ediciones Penthalon, 1981, p. 93.
CORPAS, María Gloria: *Cocina cántabra*, Madrid: M. G. Corpas, 1980, pp. 19, 20, 101 y 117.
Las tradiciones de la localidad cántabra de Orejo narradas por sus mujeres, Santander: Institución Cultural de Cantabria, 1987, p.12.
GONZÁLEZ ECHEGARAY, Carmen: *La matanza o «matancio» del cerdo en Cantabria,* Bilbao: Caja Cantabria, 1993, pp. 48, 80, 114, 125 y 127.
SAGASTIZÁBAL, Javier de: *Cocina monacal de las hermanas clarisas*, 4.ª ed., Bizkaia: ARDATZ, S.L. y S.P.A.M., S. A, 1996, pp. 110 y 111.
Revista. *Cuadernos de Campoo*. Número 23, marzo 2001, pp. 28 y 29.
ESTEBAN, José Antonio: *Cantabria gastronómica,* Cantabria: Imgraft, 2002, pp. 44, 45 y 195.

Alubia de cocido de Bádames

MADOZ, Pascual: *Diccionario Geográfico-Estadístico-Histórico,* Salamanca: Ámbito/Estvdio, 1995.

DE PEREDA, José María: *El sabor de la tierruca*, 4.ª ed., Madrid: Espasa-Calpe, 1973, pp. 103.

La cocina tradicional de Cantabria, Oviedo: Asturlibros, 1981, pp. 31, 32 y 33.

SAIZ VIADERO, José Ramón: *Comer en Cantabria*, Madrid: Ediciones Penthalon, 1981, pp. 138.

Recetas de cocina de Arenal de Penagos y su zona, Santander: Institución Cultural de Cantabria, 1987, pp. 24 y 25.

MARTÍNEZ LLOPIS, Manuel e IRIZAR, Luis: *Las cocinas de España*, Madrid: Alianza Editorial, 1990, pp. 55 y 56.

PUENTE, Zacarías: *La cocina de Cantabria,* Fuenterrabía: Imprenta Ondarribi, 1994, p. 127 y 128.

DÍAZ YUBERO, Ismael: *Sabores de España*, Madrid, Ediciones Pirámide, S. A., 1998, pp. 67 y 69.

Recetario Zapico de la cocina de Cantabria, 1.ª Entrega, Cantabria: Gobierno de Cantabria, 2000, p. 24.

ESTEBAN, José Antonio: *Cantabria gastronómica,* Cantabria: Gráficas Imgraft, 2002, pp. 19, 87, 97, y 129.

CAGIGAS, Juan: *Saboreando Cantabria*, Santander: Editorial Blue&Black, 2009, pp. 42 y 43.

Herrera de Bascuñán, Concepción: *Cocina tradicional Cantabria*, León: Editorial Everest, 2009, pp. 18 y 19.

BUTRÓN, Inés: *Ruta Gastronómica por Cantabria*, Barcelona: Grup Editorial 62, S. L. U., 2009, pp. 87 y 88.

Recetario Zapico de la cocina de Cantabria, 6.ª Entrega, Cantabria: Gobierno de Cantabria, 2010, pp. 10, 11 y 16.

Alubia arrocina de Bielva

MADOZ, Pascual: *Santander Diccionario Geográfico-Estadístico-Histórico,* Salamanca: Ámbito/Estvdio, 1995, p. 308.

CORPAS, María Gloria: *Cocina cántabra*, Madrid: M. G. Corpas, 1980, pp. 17 y 117.

ARROYO GONZÁLEZ, Manuel y del Cerro García, Carlos: *La cocina moderna en Cantabria*, Madrid: Espasa–Calpe, 1990, pp. 106, 56, 66 y 97.

PUENTE, Zacarías y Villanueva Inés: *La cocina de Cantabria*, 2.ª ed., Fuenterrabía: Imprenta Ondarribi, 1985, p. 101.

Las tradiciones de la localidad cántabra de Orejo narradas por sus mujeres, Santander: Institución Cultural de Cantabria, 1987, p.12.

ESTEBAN TORRES, José Antonio: *Cantabria gastronómica,* Cantabria: Imgraft, 2002, p. 25.

Alubia del ojo de la Virgen de Casar de Periedo

MADOZ, Pascual: *Santander Diccionario Geográfico-Estadístico-Histórico,* Salamanca: Ámbito/Estvdio, 1995, p. 81.

DE VEGA, Luis Antonio: *Viaje por la Cocina Española*, Madrid: Salvat Editores y Alianza Editorial, 1969, pp. 63 y 66.

Alubia roja de Casar de Periedo

MADOZ, Pascual: *Santander Diccionario Geográfico-Estadístico-Histórico,* Salamanca: Ámbito/Estvdio, 1995, p. 81.

DE ESCALANTE, Amós: *Costas y montañas*, Santander: Ediciones Estvdio, 1.ª ed. 1999, p. 192.

Las tradiciones de la localidad cántabra de Orejo narradas por sus mujeres, Santander: Institución Cultural de Cantabria, 1987, p. 13.

ESTEBAN TORRES, José Antonio: *Cantabria gastronómica,* Cantabria: Imgraft, 2002, pp. 75, 105 y 139.

HERRERA DE BASCUÑÁN, Concepción: *Cocina tradicional Cantabria*, León: Editorial Everest, S. A, 2009, p. 20.

Alubia de canela de Casar de Periedo

MADOZ, Pascual: *Santander Diccionario Geográfico-Estadístico-Histórico,* Salamanca: Ámbito/Estvdio, 1995, p. 81.

GONZÁLEZ ECHEGARAY, Carmen: *La matanza o «matancio» del cerdo en Cantabria,* Bilbao: Caja Cantabria, 1993, p. 114.

Frejol de Caviedes

Nuestras recetas. Sabores de Cantabria, Cantabria: Librería Estvdio, 2014, p. 33.

Alubia blanca de riñón de Comillas

MADOZ, Pascual: *Santander Diccionario Geográfico-Estadístico-Histórico,* Salamanca: Ámbito/Estvdio, 1995, p. 100.

PUENTE, Zacarías: *La cocina de Cantabria*, Fuenterrabía: Imprenta Ondarribi, 1994, p. 146.

Recetario Zapico de la cocina de Cantabria, 1.ª Entrega, Cantabria: Gobierno de Cantabria, 2000, p. 25.

ESTEBAN, José Antonio: *Cantabria gastronómica,* Cantabria: Imgraft, 2002, p. 107.

Recetario Zapico de la cocina de Cantabria, 3.ª Entrega, Cantabria: Gobierno de Cantabria, 2003, pp. 22 y 24.

BASURTO, Nacho: *Cantabria,* Bilbao: Ediciones Barrena, 2004, p. 20.

CAGIGAS, Juan: *Saboreando Cantabria*, Santander: Editorial Blue&Black, 2009, pp. 42 y 43.

ARCE, Pedro: *Los cocidos de Cantabria*, Torrelavega: Cofradía Gastronómica «Cocidos de Cantabria», 2020, pp. 76, 96 y 121.

Judía vaina de Dobres

DE ESCALANTE, Amós: *Costas y montañas*, Santander: Ediciones Estvdio, 1.ª ed. 1999, p. 192.

SAIZ VIADERO, José Ramón: *Comer en Cantabria*, Madrid: Ediciones Penthalon, 1981, p. 133.

Carico montañés de Gama

MADOZ, Pascual: *Santander Diccionario Geográfico-Estadístico-Histórico,* Salamanca: Ámbito/Estvdio, 1995.

PUENTE, Zacarías: *La cocina de Cantabria*, Fuenterrabía: Imprenta Ondarribi, 1994, p. 33.

Recetario Zapico de la cocina de Cantabria, 1.ª Entrega, Cantabria: Gobierno de Cantabria, 2000, p. 23.

HERNÁNDEZ DE SANDE, Javier: Cocina cántabra. León: Editorial Everest, S. A., 2000, p. 20.
ESTEBAN TORRES, José Antonio: *Cantabria gastronómica,* Cantabria: Imgraft, 2002, p. 99.
GUTIÉRREZ CLARAMUNT, Mariano y MALLAVIA ALCALDE, Humberto: *El carico montañés,* Cantabria: Centro de Investigación y Formación Agrarias, 2004, pp. 28, 39, 46 y 47.

Carico de canela de Isla
MADOZ, Pascual: *Santander Diccionario Geográfico-Estadístico-Histórico,* Salamanca: Ámbito/Estvdio, 1995, p. 130.
DE PEREDA, José María: *El sabor de la tierruca*, 4.ª ed., Madrid: Espasa-Calpe, 1973, p. 103.

Alubia amarilla de La Revilla
Las tradiciones de la localidad cántabra de Orejo narradas por sus mujeres, Santander: Institución Cultural de Cantabria, 1987, p. 12.

Judía de manteca de La Revilla

Alubia pinta de Matamorosa
MADOZ, Pascual: *Santander Diccionario Geográfico-Estadístico-Histórico,* Salamanca: Ámbito/Estvdio, 1995, p. 150.
CORPAS, María Gloria: *Cocina cántabra*, Madrid: M. G. Corpas, 1980, p. 117.
FERNÁNDEZ DE LA REGUERA DÍAZ, Vera Cruz: *Estrellas bajo el cielo de Cantabria,* Cantabria: Gobierno de Cantabria, 2010.

Alubia roja de Mazcuerras
MADRID GÓMEZ, Pedro: *La matanza del cochino en el valle de Polaciones*, Santander: Institución cultural de Cantabria, 1980, p. 20.
SAIZ VIADERO, José Ramón: *Comer en Cantabria*, Madrid: Ediciones Penthalon, 1981, pp. 130 y 134.
Las tradiciones de la localidad cántabra de Orejo narradas por sus mujeres, Santander: Institución Cultural de Cantabria, 1987, pp. 32 y 33.
PUENTE, Zacarías: *La cocina de Cantabria*, Fuenterrabía: Imprenta Ondarribi, 1994, p.119.
Recetario Zapico de la cocina de Cantabria, 3.ª Entrega, Cantabria: Gobierno de Cantabria, 2003, p. 23.
BUTRÓN, Inés: *Ruta Gastronómica por Cantabria*, Barcelona: Grup Editorial 62, S. L. U., 2009, pp. 71, 100 y 103.

Carico de Mirones
Tradiciones y gastronomía. Merachas. Santander: Institución Cultural de Cantabria, 1987, pp. 14 y 63.
PUENTE, Zacarías: *La cocina de Cantabria*, Fuenterrabía: Imprenta Ondarribi, 1994, p. 131.

Alubia azul de Molleda
MADOZ, Pascual: *Santander Diccionario Geográfico-Estadístico-Histórico,* Salamanca: Ámbito/Estvdio, 1995, p. 154.

Las tradiciones de la localidad cántabra de Orejo narradas por sus mujeres, Santander: Institución Cultural de Cantabria, 1987, p. 12.

Frijol o morito de Pesués
MADOZ, Pascual: *Santander Diccionario Geográfico-Estadístico-Histórico,* Salamanca: Ámbito/Estvdio, 1995, p. 170.
Las tradiciones de la localidad cántabra de Orejo narradas por sus mujeres, Santander: Institución Cultural de Cantabria, 1987, p. 32.
Recetario Zapico de la cocina de Cantabria, 5.ª Entrega, Cantabria: Gobierno de Cantabria, 2004, p. 17.

Judía de vaina de Riocorvo
CORPAS, María Gloria: *Cocina cántabra*, Madrid: M. G. Corpas, 1980, pp. 79 y 80.
La cocina tradicional de Cantabria, Oviedo: Asturlibros, 1981, pp. 54 y 55.
SAIZ VIADERO, José Ramón: *Comer en Cantabria*, Madrid: Ediciones Penthalon, 1981, p. 112.
PUENTE, Zacarías: *La cocina de Cantabria,* Fuenterrabía: Imprenta Ondarribi, 1994, p. 85.
FERNÁNDEZ, Sofía y ALPERI, Víctor: *Cocina y Gastronomía de Cantabria*, Madrid: Ediciones Pirámide, S. A., 1998, pp. 73, 74, 76 y 77.
Recetario Zapico de la cocina de Cantabria, 1.ª Entrega, Cantabria: Gobierno de Cantabria, 2000, p. 13.
ESTEBAN, José Antonio: *Cantabria gastronómica,* Cantabria: Gráficas Imgraft, 2002, p. 123.
Recetario Zapico de la cocina de Cantabria, 4.ª Entrega, Cantabria: Gobierno de Cantabria, 2003, pp. 15 y 17.
HERRERA DE BASCUÑÁN, Concepción: *Cocina tradicional Cantabria*, León: Editorial Everest, 2009, p. 113.

Haba de Lamadrid
MADOZ, Pascual: *Diccionario Geográfico-Estadístico-Histórico,* Salamanca: Ámbito/Estvdio, 1995, pp. 33, 34, 35, 45, 55, 63, 72, 94, 108, 111, 116, 117, 123, 130, 135, 139, 159, 160, 198, 278 y 312.
PÉREZ, Dionisio (Post-Thebussem): *Guía del buen comer español,* Valladolid: Editorial Maxtor, 2005, p. 212.
LÓPEZ LINAGE, Javier: *Antropología de la ferocidad cotidiana: supervivencia y trabajo en una comunidad cántabra*, Madrid: Servicio de publicaciones agrarias, 1978, p. 159.
CORPAS, María Gloria: *Cocina cántabra*, Madrid: M. G. Corpas, 1980, p. 19.
Esteban, José Antonio: *Cantabria gastronómica,* Cantabria: Gráficas Imgraft, 2002, pp. 131, 171.

Arvejs de Bustamante
MADOZ, Pascual: *Santander Diccionario Geográfico-Estadístico-Histórico,* Salamanca: Ámbito/Estvdio, 1995, pp. 55, 111, 135 y 301.
CORPAS, María Gloria: *Cocina cántabra*, Madrid: M. G. Corpas, 1980, p. 117.
GARCÍA-CORRAL GÓMEZ, Manuel: *De mi valle*, Bilbao: Imprenta Grafistán, S. A. L, 1988, p. 91.
PUENTE, Zacarías: *La cocina de Cantabria,* Fuenterrabía: Imprenta Ondarribi, 1994, p. 294.
Revista *Cuadernos de Campoo*. Número 23, marzo 2001, pp. 28 y 29.

Recetario Zapico de la cocina de Cantabria, 2.ª Entrega, Cantabria: Gobierno de Cantabria, 2001, p. 28.

ESTEBAN TORRES, José Antonio: *Cantabria gastronómica,* Cantabria: Imgraft, 2002, pp. 79 y 111.

Nuestras recetas. Sabores de Cantabria, Cantabria: Librería Estvdio, 2014, p. 34.

Recetario Zapico de la cocina de Cantabria, 6.ª Entrega, Cantabria: Gobierno de Cantabria, 2010, p. 8.

Guisante de Rudagüera

MADOZ, Pascual: *Santander Diccionario Geográfico-Estadístico-Histórico,* Salamanca: Ámbito/Estvdio, 1995, pp. 139, 282 y 296.

DE LA SERNA, Víctor: *Nuevo viaje de España*, Madrid: Prensa Española, 1955, pp. 50 y 51.

GARCÍA, Eduardo*: Los Picos de Europa, Liébana y lebaniegos,* Santander: Ayuntamiento de Camaleño, 1972, pp. 99 y 100.

CORPAS, María Gloria: *Cocina cántabra*, Madrid: M. G. Corpas, 1980, p. 24.

FERNÁNDEZ, Sofía y ALPERI, Víctor: *Cocina y gastronomía de Cantabria*, Madrid: Ediciones Pirámide, S. A., 1998, pp. 72, 76 y 77.

Recetario Zapico de la cocina de Cantabria, 2.ª Entrega, Cantabria: Gobierno de Cantabria, 2001, p. 24.

Recetario Zapico de la cocina de Cantabria, 4.ª Entrega, Cantabria: Gobierno de Cantabria, 2003, p. 15.

HERRERA DE BASCUÑÁN, Concepción: *Cocina tradicional Cantabria*, León: Editorial Everest, S.A, 2009, pp. 104 y 164.

Tomate de Abanillas

DÍAZ YUBERO, Ismael: *Sabores de España*, Madrid, Ediciones Pirámide, S. A., 1998, p. 78.

Tomate de Noja

Recetario Zapico de la cocina de Cantabria, 2.ª Entrega, Cantabria: Gobierno de Cantabria, 2001, p. 8.

Tomate de Pesués

LUJAN, Néstor y PERUCHO, Juan: *El libro de la cocina española*, Barcelona, 2.ª ed. Editorial Tusquets, S. A., 2005, p. 444.

HERNÁNDEZ DE SANDE, Javier: *Cocina cántabra*, León: Editorial Everest, S. A, 2000.

Pimiento choricero de Ampuero

MADOZ, Pascual: *Santander Diccionario Geográfico-Estadístico-Histórico,* Salamanca: Ámbito/Estvdio, 1995, p. 278.

DE PEREDA, José María: *El sabor de la tierruca*, 4.ª ed., Madrid: Espasa-Calpe, 1973, p. 119.

DE VEGA, Luis Antonio: *Viaje por la cocina española*, Madrid: Salvat Editores y Alianza Editorial, 1969, pp. 63.

PUENTE, Zacarías: *La cocina de Cantabria*, Fuenterrabía: Imprenta Ondarribi, 1994, pp. 55, 70, 92, 93,172, 182, 183, 191, 192, 202, 229, 240, 242, 255, 256, 260, 265, 279, 280, 283, 284, 285, 286, 287, 321 y 340.

Recetario Zapico de la cocina de Cantabria, 1.ª Entrega, Cantabria: Gobierno de Cantabria, 2000, p. 6.

Pimiento de Isla
MADOZ, Pascual: *Santander Diccionario Geográfico-Estadístico-Histórico,* Salamanca: Ámbito/Estvdio, 1995, pp. 145 y 282.
DE PEREDA, José María: *El sabor de la tierruca*, 4.ª ed., Madrid: Espasa-Calpe, 1973, p. 119.
DE ESCALANTE, Amós: *Costas y montañas*, Santander: Ediciones Estvdio, 1.ª ed. 1999, pp. 192.
CORPAS, María Gloria: *Cocina cántabra*, Madrid: M. G. Corpas, 1980, p. 80.
SAIZ VIADERO, José Ramón: *Comer en Cantabria*, Madrid: Ediciones Penthalon, 1981, p. 133.
PUENTE, Zacarías: *La cocina de Cantabria*, Fuenterrabía: Imprenta Ondarribi, 1994, p. 36.
ESTEBAN TORRES, José Antonio: *Cantabria gastronómica,* Cantabria: Imgraft, 2002, p. 27.
Nuestras recetas. Sabores de Cantabria, Cantabria: Librería Estvdio, 2014, p. 70.

Pimiento de freír de Rudagüera
DE PEREDA, José María: *El sabor de la tierruca*, 4.ª ed., Madrid: Espasa-Calpe, 1973, p. 119.

Maíz de Arenal de Penagos
MADOZ, Pascual: *Santander Diccionario Geográfico-Estadístico-Histórico* Salamanca: Ámbito/Estvdio, 1995, p. 47.
DE PEREDA, José María: *El sabor de la tierruca*, 4.ª ed., Madrid: Espasa-Calpe, 1973, pp. 103 y 116.
DE ESCALANTE, Amós: *Costas y montañas*, Santander: Ediciones Estvdio, 1.ª ed. 1999, pp. 85 y 192.
Recetas de cocina de Arenal de Penagos y su zona, Santander: Institución Cultural de Cantabria, 1987, pp. 18, 19, 20, 21 y 22.
Recetario Zapico de la cocina de Cantabria, 4.ª Entrega, Cantabria: Gobierno de Cantabria, 2003, pp. 48.
Variedades locales de maíz de Cantabria, Cantabria: Gobierno de Cantabria, 2013, pp. 15, 21, 22, 24 y 35.

Maíz de Casar de Periedo
MADOZ, Pascual: *Santander Diccionario Geográfico-Estadístico-Histórico,* Salamanca: Ámbito/Estvdio, 1995, p. 81.
DE PEREDA, José María: *El sabor de la tierruca*, 4.ª ed., Madrid: Espasa-Calpe, 1973, pp. 103 y 116.
DE ESCALANTE, Amós: *Costas y montañas*, Santander: Ediciones Estvdio, 1.ª ed. 1999, pp. 85 y 192.
CORPAS, María Gloria: *Cocina cántabra*, Madrid: M. G. Corpas, 1980, p. 97.
Las tradiciones de la localidad cántabra de Orejo narradas por sus mujeres, Santander: Institución Cultural de Cantabria, 1987, pp. 12, 13 y 25.
GONZÁLEZ ECHEGARAY, Carmen: *La matanza o «matancio» del cerdo en Cantabria,* Bilbao: Caja Cantabria, 1993, p. 57.

Recetario Zapico de la cocina de Cantabria, 4.ª Entrega, Cantabria: Gobierno de Cantabria, 2003, p. 48.

Variedades locales de maíz de Cantabria, Cantabria: Gobierno de Cantabria, 2013, pp. 15, 21, 22, 24 y 35.

Maíz de Peñacastillo

MADOZ, Pascual: *Santander Diccionario Geográfico-Estadístico-Histórico,* Salamanca: Ámbito/Estvdio, 1995, p. 169.

DE PEREDA, José María: *El sabor de la tierruca*, 4.ª ed., Madrid: Espasa-Calpe, 1973, pp. 103 y 116.

DE ESCALANTE, Amós: *Costas y montañas*, Santander: Ediciones Estvdio, 1.ª ed. 1999, pp. 85 y 192.

LÓPEZ LINAGE, Javier: *Antropología de la ferocidad cotidiana: supervivencia y trabajo en una comunidad cántabra*, Madrid: Servicio de publicaciones agrarias, 1978, pp. 159, 160 y 165.

Tradiciones y gastronomía. Merachas. Santander: Institución Cultural de Cantabria, 1987, pp. 21, 23, 47, 55, 56, 57, 60 y 61.

Recetario Zapico de la cocina de Cantabria, 4.ª Entrega, Santander: Consejería de Cultura, Turismo y Deporte del Gobierno de Cantabria, 2003, p. 48.

CAGIGAS, Juan: *Saboreando Cantabria*, Santander: Editorial Blue&Black, 2009, p. 124.

Variedades locales de maíz de Cantabria, Cantabria: Gobierno de Cantabria, 2013, pp. 15, 21, 22, 24 y 35.

Otras obras consultadas

SORDO, Enrique: *España, entre trago y bocado*, Barcelona: Editorial Planeta, 1987.

Comer a la carta en Cantabria, Santander: Hostelería de Cantabria, Asociación Empresarial. 1997.

SÁNCHEZ, Jaime: *Nuestra gastronomía. Cantabria*, Madrid: Alba Libros, S. L. 2010.